果蔬施肥新技术丛书

葡萄科学施肥

郭大龙　编著

金盾出版社

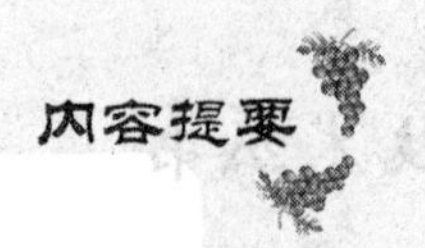

内容提要

本书内容包括:概述,葡萄生长结果习性,葡萄的营养需求特点,肥料的种类及其对葡萄生长结果的影响,葡萄的施肥原理和方法,葡萄适宜的施肥时期,葡萄合理的施肥量等。全书内容全面系统,技术科学实用,文字通俗易懂,适合广大果农和基层农业技术推广人员学习使用,也可供农林院校相关专业师生阅读参考。

图书在版编目(CIP)数据

葡萄科学施肥/郭大龙编著.—北京:金盾出版社,2013.10(2018.1 重印)
(果蔬施肥新技术丛书)
ISBN 978-7-5082-8573-3

Ⅰ.①葡… Ⅱ.①郭… Ⅲ.①葡萄栽培—施肥 Ⅳ.①S663.106

中国版本图书馆 CIP 数据核字(2013)第 163216 号

金盾出版社出版、总发行
北京市太平路 5 号(地铁万寿路站往南)
邮政编码:100036 电话:68214039 83219215
传真:68276683 网址:www.jdcbs.cn
封面印刷:北京凌奇印刷有限责任公司
正文印刷:北京军迪印刷有限责任公司
装订:北京军迪印刷有限责任公司
各地新华书店经销

开本:850×1168 1/32 印张:5 字数:89 千字
2018 年 1 月第 1 版第 4 次印刷
印数:15 001～18 000 册 定价:15.00 元

目录

第一章　概　述

葡萄是一种色艳味美、营养价值很高的水果，在我国广大地区均有种植。我国栽培葡萄已有2 000多年的历史，相传为汉代人张骞引入。目前全国有1 000多个品种，主产区为我国北方新疆、甘肃、山东、河北等地。葡萄是结果早、易高产、见效快、效益好的经济树种。近年来，随着人民生活水平的提高、市场需求的增长和农村产业结构的调整，葡萄生产的发展极为迅速，全国许多地方都把发展优质葡萄生产，作为一项调整农村产业结构和促进农民脱贫致富的主要途径。

一、葡萄栽培的经济意义

(一)用途多

葡萄风味优美，是人们最喜爱食用的水果之一。葡萄用途很广，除了果实可以鲜食、加工、制汁、制干、制罐外，还可以加工葡萄果酱和果冻。葡萄另一个非常重要的用途是用葡萄酿制葡萄酒，在国外，这是葡萄利用的一个主要形式。

葡萄酿酒后的皮渣是重要的能源和食用油原料。据奥地利葡萄皮渣利用研究所的资料，每吨皮渣所含的热量比木材和煤炭的含热量还高，可供家庭和温室取暖之用。葡萄籽可提炼单宁和高级食用油，葡萄籽出油率为10%～12%，年产万吨的葡萄酒厂可产食用油40～50吨，葡萄籽油含有大量不饱和脂肪酸，特别是亚油酸含量高达65%～80%，还有维生素P、维生素E等，具有保健作用。同时葡萄根可入药，葡萄叶也是一种良好的饲料，所以葡萄全身都是宝。

（二）营养丰富

葡萄果实含有丰富的营养成分，主要含糖类、蛋白质、脂肪、多种维生素（有维生素A、维生素B_1、维生素B_2、维生素B_{12}、维生素C、维生素E等）、胡萝卜素、硫胺素、核黄素、食品纤维素、卵磷脂、烟碱酸、苹果酸、柠檬酸、烟酸等有机成分，还含有钙、磷、铁、钾、钠、镁、锰等无机成分。根及藤叶含胶质、鞣质、碳水化合物，藤叶尚含有各种有机酸类成分。每100克葡萄含水分87.9克、蛋白质0.4克、脂肪0.6克、碳水化合物8.2克、粗纤维2.6克、铁0.8毫克、钙4毫克、磷7毫克。

葡萄的营养价值很高，葡萄汁被科学家誉为“植物奶”。葡萄含糖量为10%～25%，高者可达30%左右。在葡萄所含较多的糖分中，大部分是容易被人体直接吸收的葡萄糖，所以葡萄成为消化能力较弱者的理想果品。葡萄中含有较多的酒石酸，更有帮助消化的作用。适当多吃些葡萄能健脾和胃，对身体大有好处。医学研究证明，葡萄汁可以降低血液中蛋白质和氯化钠的含量。在那些种植葡萄和吃葡萄

多的地方，癌症发病率也明显减少。葡萄是水果中含复合铁元素最多的水果，是贫血患者的营养食品。常食葡萄对神经衰弱者和过度疲劳者均有益处。葡萄制干后，糖和铁的含量均相对增加，是儿童、妇女和体虚贫血者的滋补佳品。

中医历来认为葡萄有改善人体新陈代谢的功能，葡萄及其饮品有益于防治贫血、肝炎、高血脂、血管硬化，还具有补肾、壮腰、开胃、消食等功效。西医在对病人急救时，也常常以葡萄糖为补药，给患者静脉注射。葡萄中含有一种化合物——白藜芦醇，它可以防止健康细胞癌变，并能抑制已恶变细胞的扩散，虽然在 70 多种植物中均发现了白藜芦醇，但以葡萄及葡萄制品中含量最高。葡萄籽 95% 的成分为原青花素，其抗氧化的功效比维生素 C 高出 18 倍之多，比维生素 E 高出 50 倍，因此葡萄籽抗氧化能力很强。

(三)结果早、产量高、经济效益好

葡萄容易栽培，各项技术都容易掌握，群众形容葡萄栽培是“一学就会，一栽就灵”。葡萄花芽容易形成，是结果最快的果树之一，在良好的栽培条件下，1 年栽苗，2 年结果，3 年丰产。如果栽壮苗，当年即可利用副梢结果。

葡萄产量高，第二年产量为 500 千克/667 米^2 以上，第三年产量为 1 500～2 000 千克/667 米^2。稳产性好。年产量可以稳定在 1 500～2 000 千克/667 米^2。每 667 米^2 产值少则 3 000～4 000 元，多则超过万元。葡萄经济效益高，一般投入产出比为 1∶5～20。

葡萄还具有二次结果习性，1年可以结二次、三次果，还可以进行促成或延迟栽培，实现周年供应。

（四）适应性强，栽培范围广，经济寿命长

葡萄的根系发达，再生力强，根压大，吸收力强，故葡萄抗旱、抗涝、耐瘠薄、耐盐碱，对土壤要求不严格，无论荒山、沙滩、沟谷、坡地、河沿、崖边，只要气候适宜，都可以搭架栽植，有利于土地资源的合理开发和利用。

葡萄分布广，从炎热的赤道附近至寒冷的北方均可正常生长结果。葡萄是一种适应性很强的落叶果树，全世界从热带至亚热带、温带几乎到处都有葡萄的分布。在我国，从台湾、福建至西藏，从黑龙江至海南，几乎各省（自治区、直辖市）都有葡萄的栽培。

葡萄寿命长，树体更新容易，经济寿命栽培年限长，一般可达30～50年及以上。葡萄植株蔓性，不能直立，需设支架扶持。

（五）适于庭院栽培、园林绿化

葡萄是藤本植物，在人为搭架的情况下，其枝蔓可随架就势爬向空间，腾出架下的空间发展其他农副业生产，可以充分利用空间，占天不占地。我国约有200万农户在房前屋后、道路旁、渠井旁、畜舍旁、房顶上种植葡萄约2 000万株，已成为具有中国特色的庭院经济的一种发展模式。

葡萄生长量大，适宜大棚架栽培，因此也可以作为园林绿化树种，如林阴道设置、绿茵长廊等，也可以采用篱架进

行垂直绿化。同时也是环境美化的优良树种，可以盆栽观赏、娱乐生活、陶冶情操。葡萄果穗垂吊成串，布满架面；果粒或长或圆、或红或紫，如珍珠、似龙眼，光辉灿烂；藤蔓长而柔软，随架走形；叶片肥大多姿，如掌如扇；新梢爬架成荫，遮阳避暑，既赏心悦目，又使环境凉爽宜人。

二、葡萄的科学施肥

(一)科学施肥

科学施肥可以改变作物代谢功能，促进作物体内蛋白质、淀粉、糖分、脂肪、生物碱和其他物质的积累，从而达到改善品质的目的。反之，过量施肥或不合理施肥，则会造成土壤污染、病虫害加剧、破坏生态环境、产品质量和产量下降，甚至造成毒害。科学施肥是提高作物产量和品质、改善农产品风味、提高农产品商品价值的重要措施。

科学施肥主要有 3 条原则：一是有机肥与无机肥相结合。土壤有机质是土壤肥沃程度的重要指标。增施有机肥料可以增加土壤有机质含量，改善土壤物理、化学和生物性状，提高土壤保水保肥能力，增强土壤微生物的活性，提高化肥利用率。二是大量、中量、微量元素配合。各种营养元素的配合是配方施肥的重要内容，随着产量的不断提高，在耕地高度集约利用情况下，必须强调氮、磷、钾肥的相互配合，并补充必要的中、微量元素，才能获得高产、稳产。三是用地与养地相结合，投入与产出相平衡。要使作物—土壤—肥料形成物质和能量的良性循环,就必须坚持用养结合,投入产出相平衡,避免土壤肥力下降。

科学施肥的目标:一是增产目标,即通过测土配方施肥措施使作物单产水平在原有基础上有所提高,在当前生产条件下,能最大限度地发挥作物的生产潜能。二是优质目标,即通过测土配方施肥均衡作物营养,使作物在农产品质量上得到改善。三是高效目标,即做到合理施肥、养分配比平衡、分配科学,提高肥料利用率,降低生产成本,增加施肥效益。四是生态目标,即通过测土配方施肥,减少肥料的挥发、流失等浪费,减轻对地下水硝酸盐积累和面源污染,从而保护农业生态环境。五是改土目标,即通过有机肥和化肥的配合施用,实现耕地养分的投入产出平衡,在逐年提高单产的同时,使土壤肥力得到不断提高,达到培肥土壤、提高耕地综合生产能力的目的。

(二)葡萄的科学施肥

葡萄是一种喜肥水的多年生果树。每年要从土壤中吸取大量的营养物质。为了恢复和提高地力,必须进行施肥,才能保证树势旺盛,不断地提高产量和质量。

葡萄产量大多为 1 500～2 500 千克/667 米^2,为了满足葡萄丰产性的需求,葡萄种植户往往增加化肥使用量,施肥盲目性较大。有机肥施用量不足,存在有机肥不施或少施,而且施肥方式是表面施;氮、磷、钾比例失调,葡萄施肥用量不均衡,存在偏施氮肥或磷肥,较少施用钾肥;而且施肥时间不对路,为追求方便,一次性追施入大量的肥料,由此造

成葡萄着色困难、成熟期延迟、果实品质差、副梢大量抽生、枝条的成熟度差等现象。目前,在葡萄施肥中存在的问题是:一是偏施单质化肥,轻视有机肥,忽视中、微量元素。二是盲目施肥,过量施肥,施肥量不到位,追肥时期不恰当,造成植株营养失调,导致产量不高,品质欠佳,果粒大小不匀称,直接影响到果农的收入。三是肥料利用率低。

当年的肥水供应和植株的营养状况,不仅对当年的果品产量和质量有决定性的作用,而且对翌年植株的生长、结果也有极大的影响。同时,也必须认识到,葡萄又是一种生长快、对肥水反应敏感的果树。恰当地施肥灌水,并加强地上部的管理,对葡萄幼树的早产和成年树的大幅度增产有显著的作用。

葡萄施肥量受植株本身和外界条件多方面因素影响,如品种、树龄、产量、植株生长状况、土质、肥料性质及质量等,差别很大,很难确定统一的施肥标准。故要因地制宜,根据产量和各器官的营养状况做出判断,进行合理施肥,并根据实际情况做调整。

科学施肥很重要,根据葡萄树体各个生育阶段的特点、树势的强弱、坐果的多少、土壤肥沃程度、根系集中分布层及天气等条件,确定施肥时期、次数、肥料种类、施肥量以及施肥方法,使肥料发挥其最大的效果。

一般应以有机肥料为主(草类、马粪、猪粪、羊粪等),化肥为辅(碳酸氢铵、硫酸铵、过磷酸钙、硫酸钾等),施肥时期上应以秋施基肥为主,配合生长期追补速效性的肥料(如化肥、人粪尿等)。总之,通过施肥要达到供应植株营养,改良土壤物理、化学性质,诱根系向深、广发展的作用。

科学施肥是葡萄园优质高产的物质保证,葡萄园各项管理技术措施都必须以提供充足的营养为基础。所以,进行科学施肥是确保树势健壮、高产优质的关键技术。历史上,葡萄园施肥主要依靠经验,施肥量、施肥种类、施肥时期有很大的随意性。随着对葡萄需肥状况研究的深入,目前,葡萄园施肥已进入根据葡萄对矿质元素的需要、物候期、土壤肥力状况,科学合理确定施肥期、施肥种类和施肥量的阶段。一些先进的地区已开始用叶片分析法来判断葡萄植株的需肥情况,并用于指导施肥。同时,配方施肥、平衡施肥等一系列新的施肥理念和方法也在葡萄生产上得以应用,我国葡萄园施肥工作已进一步科学化、合理化。

第二章　葡萄生长结果习性

葡萄植株是由营养器官根、茎(包括芽)、叶和生殖器官花、果实、种子等构成(图 2-1)。了解其各器官的形态和生长发育特性,是进行葡萄科学施肥管理的基础。

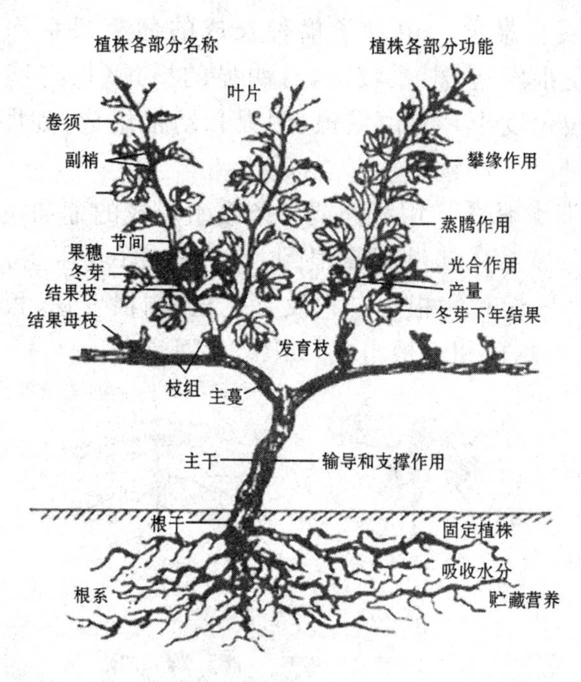

图 2-1　葡萄植株的结构和功能　(傅望衡,1990)

一、葡萄的根系

葡萄的根系发达，为肉质根，髓射线发达，能贮藏大量的有机营养物质，还能合成多种氨基酸和激素类物质，对地上部新梢和果实的生长及花芽分化等起重要的调节作用。

（一）根系类型与结构

1. 实生根系　由种子播种长成的葡萄根系称实生根系。其主根发达，根系较深，有明显的根颈（根与茎的交界处），分枝角度小。它由主根、侧根和幼根组成，如图 2-2 所示。

2. 茎源根系　用扦插或压条繁殖形成的葡萄植株的根系为茎源根系。其没有真根颈，而把扦插（或压条）时插入地表下的一段称为根干。它没有主根，侧根发达，根系分枝角度大，由侧根和幼根组成，如图 2-2 所示。

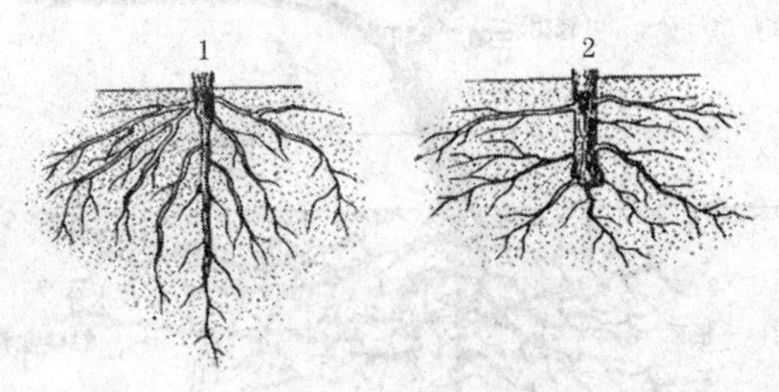

图 2-2　葡萄的根系　（严大义，1997）

1. 实生根系　2. 茎源根系

(二)根系的功能

根在葡萄植株的整个生长过程中,最重要的功能是从土壤中吸收水分和矿质营养,然后沿着木质部的导管和筛管将其输送到地上部的各个器官。根的吸收动力:一是根压作用,二是渗透作用,三是地上部蒸腾的引力作用。葡萄的根压很大,在春季萌芽期可达 2 个大气压,如果此时修剪枝蔓,可看到剪口溢出大量流汁,称之为伤流,一天之内可达 1 000 毫升之多。

葡萄的根是肉质的,是重要的贮藏器官。冬季,在根的皮层薄壁细胞、韧皮部、木质部及髓射线中会积累大量的淀粉、蛋白质、单宁等营养物质。因此,越冬时葡萄根系的严重伤害对翌年的生长结果不仅由于吸收作用大为减弱,而且由于营养物质大量丧失而将非常不利。

(三)根系的分布

葡萄是深根性树种,其根系的分布与品种、树龄、栽培技术、土壤质地、地下水位高低、定植沟大小、肥力多少有直接关系。在土壤质地疏松、地下水位较低、排水良好的地方葡萄根系分布范围较广。其主要根群分布深度为 30～60 厘米,少数根达 1～2 米,水平分布 3～5 米。例如,龙眼、新玫瑰、无籽露的根系比玫瑰香、莎巴珍珠等品种的根系大,成年树的根系比老弱树或幼树的大。一般树冠大,根系也大,所以棚架葡萄的根系往往比篱架的大。

棚架葡萄根系分布有不对称性,即架下根系分布较架外多而远。造成这种现象的原因可能是:架下有棚面枝叶遮阴,土壤水分状况较稳定。地面践踏较少,土壤通气好。另外,还与地上部、地下部的相关性有关。了解和掌握葡萄根系在不同土壤和栽培条件下的分布特点,可为制定葡萄园的深耕改土、施肥灌水和防寒措施提供依据。

(四)根系的生长特性

当葡萄根系分布层的土壤温度升至5℃～7℃时,根系开始活动。此时,地上部枝蔓的新鲜剪口处容易产生伤流,一般美洲种品种早于欧亚种品种。伤流对葡萄植株的生长发育影响很大。所以,春季对葡萄枝蔓不进行修剪。地温升至12℃～14℃时,根系开始生长,地上部也开始萌芽。最适宜葡萄根系生长的地温为21℃～24℃。葡萄根系的生长有两个高峰,一个是开花至幼果期,另一个是硬核至果实成熟期。在炎热的夏季和秋后地温过高或下降时,根系生长较缓慢。到秋冬季节地温降至12℃以下时,根系停止生长。

根的极性生长表现在根的分枝发生,主要在末端发生最多和最强,这在垂直生长的根上表现更明显。当根被截断后,由于极性的影响,断口处成为根的末端,从而发生大量侧根。所以,对葡萄栽植畦深翻、挖深沟施基肥时,切断一些根后能在断口处发生大量吸收根,使根系吸收水分和养分能力得到加强。

在栽培中,为了促进根系大量分枝,应在土壤中创造根分枝的条件,通常多施粗糙的有机肥,填充砾石、炉渣等通透性物质,发生边缘效应,增加氧气量和提高地温,促进发根，使根系向深、广发展，不断增加营养吸收面。葡萄的枝蔓很容易产生不定根，故生产上多采用扦插繁殖法。在根干的节上和基部发根较多，节间发根较少，没有垂直粗大的主根。根系受伤或老蔓压在土中，常在伤口附近或节上发生不定根。

经常深翻熟化的土壤，比板结的土壤根系分布深、发育好，但是在经常灌溉或施肥浅的葡萄园中，则根系分布常接近地表。

二、葡萄的茎

葡萄的茎包括主干、主蔓、侧蔓、结果枝组、结果母枝、结果枝、营养枝、延长枝和副梢（图 2-3）。通常把植株从地面长出的枝叫主干，主干上的分枝叫主蔓。如果植株没有主干，从地面即使长出几个枝，习惯上也只称主蔓，属无主干整形类型。在主蔓上着生侧蔓，侧蔓上再着生结果枝组，结果枝组着生结果母枝。由结果母枝的冬芽抽出的带叶新枝称为新梢，其中带果穗的称结果枝，没有果穗的称发育枝或营养枝。从生长年限上也称 1 年生、2 年生和多年生枝蔓。

葡萄的茎细而长，髓部大，组织较疏松。新梢上着生叶片的部分为节，节部稍膨大，节上着生芽和叶片，节内有横隔膜（图 2-4）。成熟的枝条，横隔膜发育完全，枝条硬。不成熟的枝条，横隔膜发育不完全、枝条软。新梢中部的空隙部位叫髓部，髓部的大小与植株枝条组织充实程度有关，生

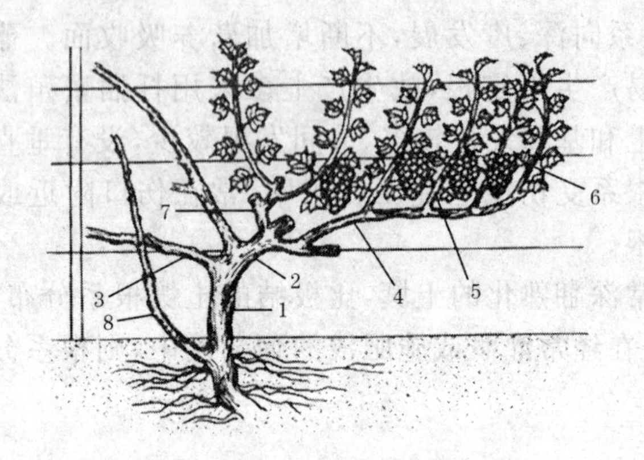

图 2-3 葡萄的枝蔓 （严大义，1997）

1. 主干 2. 主蔓 3. 侧蔓 4. 1 年生枝

5. 结果枝 6. 营养枝 7. 结果枝组 8. 萌蘖

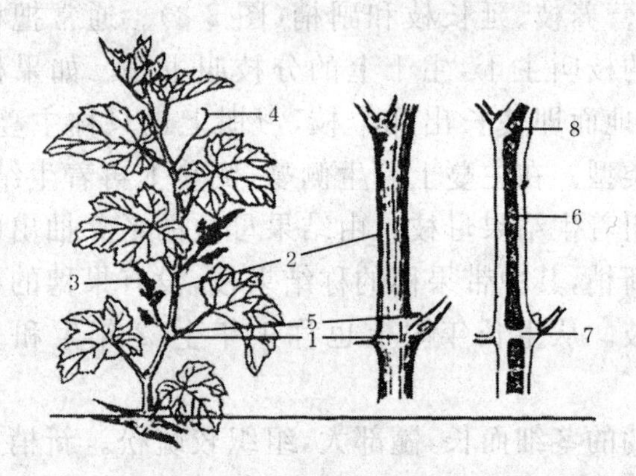

图 2-4 葡萄的新梢及其横隔膜和髓部 （陈克亮、司祥麟，1993）

1. 节 2. 节间 3. 花序 4. 卷须 5. 芽眼 6. 髓部

7. 有卷须节上的完全隔膜 8. 无卷须节上的不完全隔膜

长充实的枝条髓部小，反之则大。生产上常以此作为修剪时剪截插条的依据。

葡萄的节有贮藏养分和加强枝条牢固性的作用。两个节之间为节间，节间长短与品种和树势有关。节上叶片对面着生卷须或花序。葡萄茎的主要功能是输导水分、养分和贮藏营养物质。早春芽的萌发、叶的生长主要是靠上年贮藏的养分。枝蔓的成熟程度是决定植株越冬抗寒的重要条件，并对翌年早春芽眼内部花序的继续分化和前期生长，具有很大影响。一般枝条成熟早，果实成熟早，果粒大，花芽分化也好。

当昼夜平均温度稳定在10℃以上时，葡萄茎上的冬芽开始萌发，长出新梢。开始时新梢生长缓慢，主要是因为地下还没有发出新根，叶片小不能进行光合作用，制造营养或制造的很少，仅靠树体贮藏的养分生长。以后随着气温的升高，新根不断发生，叶片逐渐长大，其光合作用加强，新梢加长生长逐渐加快，至萌芽后3～4周时，生长最快，此时一昼夜可生长5厘米以上，最多可生长10厘米。到开花前后，由于各器官之间互相争夺养分，使新梢的生长速度逐渐放慢。但是葡萄的新梢不形成顶芽，只要气温适宜，可一直生长至晚秋。一般需通过摘心、肥水控制新梢生长。

三、葡萄的芽

芽实际上是缩短了的枝，是茎、叶、花的过渡性器官，它位于叶腋处。葡萄的芽为混合芽，分冬芽、夏芽、隐芽3种。

夏芽是裸芽，具早熟性，不经休眠，随着新梢的生长能自然萌发（图 2-5）。由夏芽抽生出的新梢称为副梢（一次副梢）。副梢的叶腋间，同样有冬芽和夏芽两种芽。由副梢上的夏芽当年萌发抽生出的新梢，称为二次副梢。依此类推，有三次、四次副梢生出。葡萄夏芽抽生的副梢，在自然条件下，当营养供应不足时，一般不易形成花序。但是通过对主梢摘心，改善营养条件也能促使夏芽转变为花芽。夏芽副梢结实率的高低因品种而不同。葡萄园皇后与无核品种扬格尔的副梢有很高的结实率，而龙眼、无核黑品种结实率则极低。葡萄冬芽外被鳞片包着，一般当年不萌发，越冬后至翌年春季气温逐渐回升才萌发。冬芽由 1 个主芽和 3～8 个副芽（预备芽）组成。主芽位于冬芽的中间，副芽位于主芽的周围，主芽比副芽肥大、发达（图 2-5）。早春随气温回升一般主芽先萌发，当主芽受损害时，副芽才萌发。但许多美洲和欧美杂交种品种，常有 1～2 个副芽能与主芽一起萌发，而且由副芽抽生的新梢也能结果。这种特性在主芽受冻或机械损伤时，可以用副芽来弥补（图 2-5）。隐芽是着生于多年生蔓的潜伏芽，其寿命较长，一般在枝蔓受到损害或刺激时，附近的隐芽可以萌发成新梢，但多数不带花序。大量隐芽的存在使葡萄枝蔓易于更新复壮，从而使植株具有很强的再生能力。

冬芽在春天如果不萌发就叫瞎眼。引起瞎眼的主要原因包括：一是从秋至早春这段时间受低温冻害。二是由于结果过多或蔓留得过长，芽眼不充实，贮藏营养不足。瞎眼

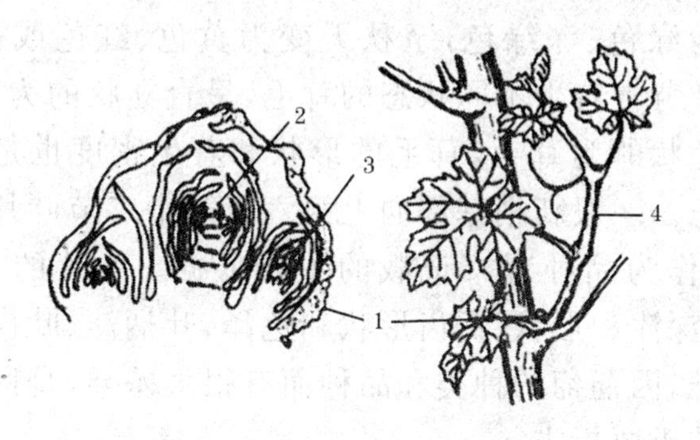

图 2-5　葡萄的冬芽和夏芽　(陈克亮和司祥麟,1993)

1. 冬芽　2. 主芽　3. 副芽　4. 由夏芽萌发的副梢

对葡萄生产的危害是造成架面不整齐,产量降低。

葡萄的花芽属于混合花芽,萌发后既开花又长枝条和叶片。葡萄的花芽分化一般是在开花期前后,从新梢下部第三至第四节的芽开始分化,随着新梢的延长,新梢上各节的冬芽一般是从下而上逐渐开始分化,但基部 1～3 节冬芽开始分化稍迟一些,因此葡萄基部花芽质量较差。

四、葡萄的叶

叶片是葡萄进行光合作用、呼吸作用和蒸腾作用的器官。葡萄的叶为单叶,由叶柄和叶片组成。叶柄主要部分呈圆形,叶片通常较大,有锯齿,有深浅不同的裂片,形成 2 个上侧裂、2 个下侧裂和 1 个叶柄洼。叶片可呈肾形、圆形、心脏形及卵形(图 2-6)。葡萄的叶有 5 条主脉,叶片一般呈 5 裂状。但也有 3 裂、7 裂或全缘的,叶片边缘有锯齿。叶片颜色为绿色、深绿色，至秋天变为黄色、红色或褐红色。叶面和叶背常着生不同状态的茸毛，呈直立状的为刺毛，平铺呈棉毛状的为茸毛，茸毛的形状和着生密度也是鉴别品种的标志。一般新梢基部向上第六至第十二节叶片具有典型性，是作为品种观察记载的主要依据。叶片的大小、形状、裂刻深浅和形状、锯齿形状和色泽、叶柄洼、叶齿以及茸毛等特征，因葡萄的种类和品种而有很大差异，是区分和识别品种的重要标志。

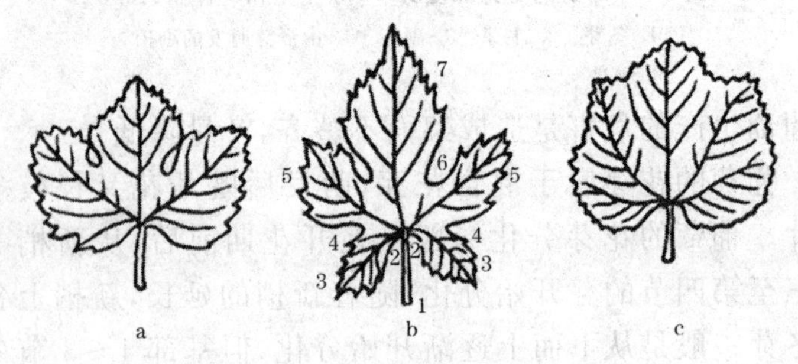

图 2-6　葡萄叶片形态　（严大义，1997）

a. 肾形　b. 心脏形　c. 圆形

1. 叶柄　2. 叶柄洼　3. 下裂片　4. 下裂刻　5. 中裂片　6. 上裂刻　7. 上裂片

葡萄叶片进行光合作用的温度为 28℃～30℃，低于 6℃～7℃，光合作用几乎不能进行。

五、葡萄的卷须、花和花序

(一)卷　须

葡萄的卷须和花序是同源器官，在新梢上可以看到从典型卷须至典型花序的各种中间类型。葡萄一般在主梢的3～6节处发生卷须，副梢上则从第二至第三节发生卷须。在自然状态下，卷须是葡萄植株攀缘向上和支撑的必要器官。但在栽培条件下，卷须的互相缠绕给枝蔓管理、果实采收等作业造成不便，同时缠坏叶片和果穗。因此，为节约养分，应及时掐掉卷须。卷须在新梢上着生的方式随种类而异，欧亚种葡萄均为间隔式着生，即每着生2节卷须空1节，而美洲种葡萄为连续式着生，每节叶的对面均有卷须或花序(图2-7)。

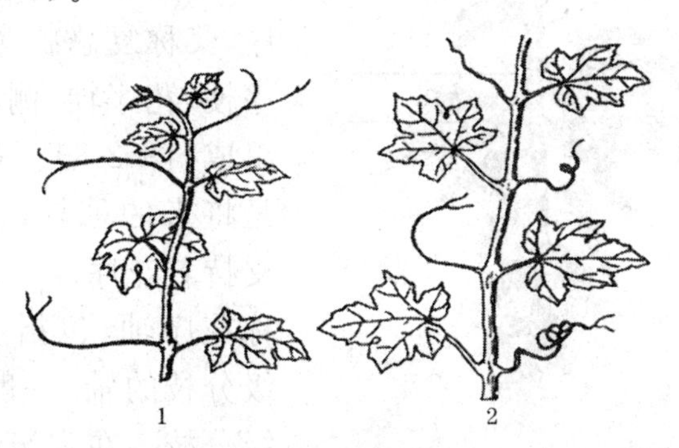

图2-7　卷须的着生方式　(陈克亮和司祥麟，1993)

1. 间隔式　2. 连续式

(二)花

欧亚种葡萄的栽培品种,大多数具有两性花,是自花授粉作物,其只有极少数品种为雌性花品种,需要异花授粉。花由花梗、花托、花萼、花冠、雄蕊、雌蕊组成。花萼不发达,5个萼片合生,包围在花的基部。5个绿色的花瓣自顶部合生在一起,形成帽状的花冠。开花时花瓣自基部与子房分离,向上、向外翻卷,花帽在雄蕊的作用下从上方脱落。这是葡萄与其他果树显著不同的特点。雌蕊位于花的中心,分柱头、花柱和子房3部分,子房2室,每室有2个胚珠。每朵花有雄蕊5个,生长在雌蕊的四周,由花丝和花药构成。雌蕊基部有5个小蜜腺,其中含有芳香的酚类物质。

(三)花　序

葡萄花序为圆锥花序,又称复总状花序,由花序梗、花序轴、侧轴和花蕾组成(图2-8)。花序梗即是将来的穗梗,向上伸长支持着花序。花序的中轴称花序轴,包括主轴和各级分枝的轴,一般有2～3级分枝。在末级分枝的顶端着生花蕾。一般酿酒葡萄品种花序短小,因品种

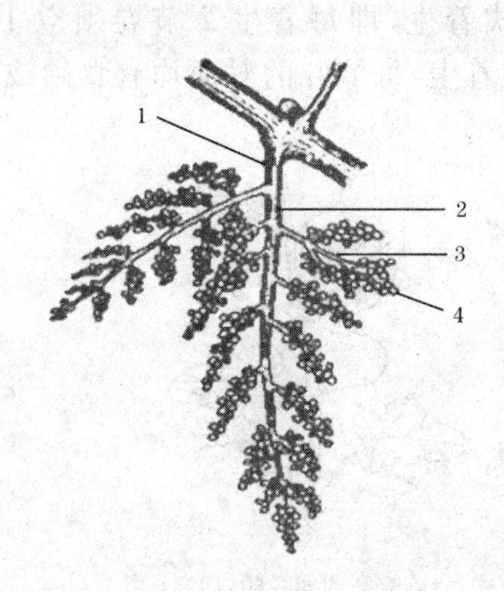

图2-8　葡萄的花序　(严大义,1997)

1. 花序梗　2. 花序轴　3. 侧轴　4. 花蕾

而不同,1 个花序上可着生 100～500 个花蕾。

葡萄的花序在新梢上开始发生的位置与卷须相同,一般只着生于结果枝的 3～8 节上,但有些品种的节位较高。1 个结果枝上一般有 1～3 个花序,有时也有 4～5 个或更多,不同的种或品种间有差异。花序上方的新梢节位则只着生卷须。结果枝上以基部第一花序较大,上部的花序较小。欧亚种品种每个果枝上有花序 1～2 个;美洲种品种每个果枝上有 3～4 个或更多,但花序较小;欧美杂交种品种每个果枝上各 2～3 个。在 1 个花序上,中部的花蕾发育好,成熟早,基部花蕾次之,尖端花蕾发育差,成熟最晚。葡萄花期 5～14 天,因品种和气候条件而不同。

六、果穗、果粒和种子

(一)果　穗

葡萄的花序在开花后发育成果穗,花序梗发育成穗梗,花序轴各级分枝发育成穗轴,子房发育成浆果(图 2-9)。穗梗使果穗附着于结果枝上,其长度因品种而异,穗梗在生长后期木质化,但有的品种一直保持绿色。穗梗的长度是指由其着生于新梢处至其末端膨大穗

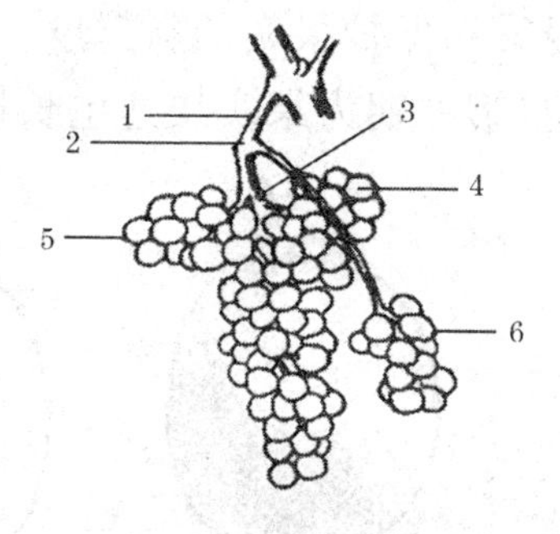

图 2-9　葡萄的果穗

(陈克亮和司祥麟,1993)

1. 穗梗　2. 穗梗节　3. 穗轴

4. 果粒　5. 歧肩　6. 副穗

梗节处的距离。果穗因各分枝的发育程度不同而呈各种形状，如圆柱形、圆锥形、圆柱圆锥形、多分枝散穗形等，各级穗轴分枝有比较发达的机械组织和输导组织，可以牢固地承担果实重量，并保证向浆果中输送大量养分。果穗的紧密度虽是品种的特征特性之一，但也与栽培管理技术的好坏关系密切。

（二）果 粒

葡萄的果实为浆果，由子房发育而成，包括果梗或果柄、果蒂、果刷、果皮、果肉、种子及维管束（图 2-10）。浆果的大小和形状在不同品种间有很大差异。果形有扁圆形、圆形、卵形、椭圆形、鸡心形、倒卵形等。浆果的颜色可分为黑色（深紫色、蓝紫色）、红色、粉红色、黄色、绿色等。在果粒表面上覆有一层蜡质状果粉，能阻止水分蒸发、减少病虫侵染和保护果实的新鲜度。葡萄果实的生长发育有 3 个时期，第一期为果实快速生长期，从开花后果实开始生长至盛

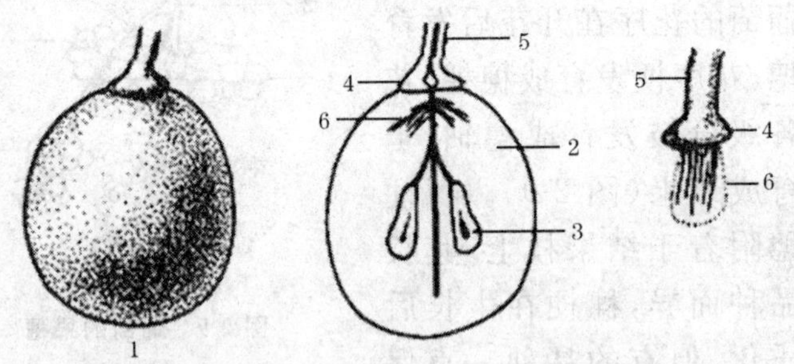

图 2-10 葡萄的浆果 （贺普超，1999）

1. 外形 2. 果肉 3. 种子 4. 果蒂 5. 果梗 6. 果刷

花后的35天;第二期为硬核期,从果实生长速度减慢至种子硬化、果实开始着色止;第三期为完全成熟期,在此期果粒着色,果汁酸分减少,糖度增加。这3个生长发育期的长短,因品种不同而不同,一般早熟品种第二期短,晚熟品种第二、第三期长。

(三)种　子

葡萄浆果中一般含有1～4粒种子,在构成子房的心皮多于2的情况下,有时可见5～8粒种子,欧亚种葡萄的种子常呈梨形,有突出的喙,种子有背面与腹面之分,腹面(向果心的一面)上有种缝线,背面有“合点”(维管束通入胚珠处)。种子有厚而坚实的种皮,外被蜡质,胚乳白色。胚位于喙中,由胚根、胚茎、2片心形的子叶和其间的胚芽组成。

种子的发育影响着果粒的大小,同一果穗上含种子数多的果实,果粒就大,因为种子能产生赤霉素,赤霉素有助长果肉细胞增大的作用。在生产中,常对无核品种进行赤霉素处理来增大果个,提高葡萄产量。

第三章　葡萄的营养需求特点

葡萄植株的生长需要消耗大量的营养，这些营养一方面靠根系从土壤中吸取矿质养分，供给地上部各组织器官，另一方面依靠叶片光合作用同化大气中的二氧化碳制造有机养分，供给根、茎、叶、花、果的生长和发育。土壤中的矿质养分和叶片同化产物都是葡萄生长发育不可缺少的营养来源，其中土壤矿质营养是基础，只有矿质养分充足了，新梢生长才能旺盛，叶片光合作用才能顺利进行，有机养分的制造才有可能。充分了解葡萄的需肥特点，合理、及时、充分地保障植株营养的供给，是保证葡萄生长健壮、优质、稳产的重要前提条件。

一、葡萄的需肥特点

葡萄植株固定在一个地块生长几年、十几年，土壤中再多矿质养分也会被吸尽，需要通过不断施肥得以补充，才能满足葡萄每年生长发育所需，否则将对葡萄的生长和结果产生严重影响。

(一)多年生特性与贮藏养分特点

葡萄为多年生藤本植物，在根和枝蔓中贮藏有大量的营养物质，有碳水化合物、含氮物质和矿质元素。这些贮藏

物质在夏末秋初由叶向枝干、根系回运，早春又由贮藏器官向新生长点调运，供应前期芽的继续分化和萌芽、枝叶生长发育的需求。贮藏营养物质对于保证树体健壮、丰产和稳产都具有重要作用。葡萄根系庞大，可广泛、深入不同层次土壤吸收养分；同时，由于根系长期生长在同一个土壤空间，从中吸收养分，往往造成局部根域的养分亏缺，对于难移动养分的吸收则更不利，因而缺素症相对大田作物更为常见。对于成龄结果树，在土壤中已发生营养缺乏的情况下，还可能连续几年表现"正常"生长，并且继续结果。但当缺素症一旦明显地表现，则需多年的努力才能逐渐矫正过来。

(二)需肥量大

葡萄生长旺盛，结果量大，因此对土壤养分的需求也明显较多。研究表明，在一个生长季中，当每公顷葡萄园生产20吨葡萄时(相当于每667米^{2}产1 350千克)，每年从土壤中吸收的养分为氮170千克、磷60千克、钾220千克、镁60千克、硫30千克。

(三)需钾量大

葡萄也称钾质果树，整个生长期都需要大量钾素，其需要量居三要素的首位。在其生长发育过程中对钾的需求和吸收显著超过其他各种果树，为梨的1.7倍、苹果的2.25倍。如钾素缺乏或不足，叶片不能制造淀粉和脂肪酸，硝态氮增多，叶片少而小，叶缘枯焦，新梢减少，果柄变褐，果粒萎缩或开裂，着色不良，糖分低味酸，品质差，植株抗寒、抗旱力弱。在一般生产条件下，其对氮、磷、钾需求的比例为1∶0.5∶1.2，若为了提高产量和增进品质，对磷、钾肥的需求比例还会增大，生产上必须重视葡萄这一需肥特点，始终保持钾的充分供应。除钾元素外，葡萄对钙、铁、锌、锰等元素的需求也明显高于其他果树。

(四)需肥种类的阶段性变化

葡萄年生长周期经历萌芽、开花、坐果、果实发育、果实成熟等过程，在不同物候期因生育特性的不同，对养分种类及量的需求也表现不同。葡萄营养元素的吸收自萌芽后不久即开始，吸收量逐渐增加，分别在末花期至转色期和采收后至休眠前有两个吸收高峰，高峰期的出现与葡萄根系生长高峰期正好吻合，说明葡萄新根发生和生长与营养吸收密切相关。其中在末花期至转色期所吸收的营养元素主要用于当年枝叶生长、果实发育、形态建成等，在采收期至休眠前吸收的营养元素主要用于贮藏养分的生成与积累。

一年之中，在葡萄植株生长发育的不同阶段，对不同营养元素的需求种类和数量也有明显的不同，一般从萌芽至开花前主要需要氮肥和磷肥，开花期需要硼肥和锌肥，幼果从生长至成熟主要需要充足的磷肥和钾肥，到果实成熟前则主要需要钙肥和钾肥，这是葡萄需肥的阶段性特点。从萌动、开花至幼果初期，需氮最多，约占全年需氮量的64.5%。磷的吸收则随枝叶生长、开花坐果和果实增大而逐步增多，至新梢生长最盛期和果粒增大期而达到高峰。

钾的吸收虽从展叶抽梢开始，但以果实肥大至着色期需钾最多，此期如钾素不足，则果实色差、糖分低、味酸，严重时甚至不能成熟。开花期需要硼肥的充足供应，花芽分化、浆果发育、产量品质形成需要大量的磷、钾、锌元素，果实成熟时需要钙素营养，而采收后还需要补充一定的氮素营养（表3-1）。葡萄叶面对铁的吸收和运转都很慢，叶面喷施硫酸亚铁类的化合物效果不佳，硫酸亚铁喷施吸收不理想。花期前后对硼的需求量最大。

表 3-1　不同物候期中五要素在葡萄植株内的变化　（马之胜等，2000）

	树液流动期	萌芽期	花序分离期	开花期	果粒肥大期	着色期	浆果完熟期	落叶期	休眠期
氮	4.36	4.24	9.83	11.13	9.48	7.80	7.38	7.06	4.14
五氧化二磷	1.43	1.41	3.02	3.69	2.86	2.70	2.45	2.11	1.80
氧化钾	1.39	1.36	4.96	4.96	4.65	4.89	4.59	3.46	1.87
氧化钙	3.74	3.71	5.77	5.77	3.80	8.46	8.34	8.04	4.65
氧化锰	1.24	0.61	2.57	2.57	2.73	2.52	2.29	2.18	1.65
总　量	12.16	11.33	26.15	26.15	23.52	26.37	25.05	22.85	14.10

（五）所需元素多

与许多植物一样，葡萄生长和结果也需要多种营养元素，需要肥料的平衡施用。主要包括碳、氢、氧、氮、磷、钾、钙、镁、硫、铁、锰、锌、氯等，除碳、氢、氧外，其他的元素都要来自于土壤。由于在葡萄栽培管理过程中（如喷药），会补充某些元素。因此，真正对施肥更为依赖的是氮、磷、钾、硼、锌、镁、铁、锰、钙等。其中氮、磷、钾需要量较大，其余几种需求量较少。而且，对于葡萄生长发育影响最大的不是那些供应充足的元素，而是最为缺乏的营养元素。当某一元素缺乏时，其他元素即使再多也不发挥作用，这就是德国科学家李比希提出的"最小养分"定律。所以，在施肥时，要掌握平衡施肥，要加入含有各种微量元素的肥料，即全元素肥料，而不是单施某种化肥，从而提高土壤中各种元素的供应水平，促进葡萄健壮生长。

二、主要营养元素及其对葡萄生长的影响

葡萄生长和结果，需要多种营养元素。其中需要量多的元素有：碳、氢、氧、氮、磷、钾、钙、镁、硫、铁等。此外，还需要少量微量元素有：硼、锰、锌、铜、钴等。碳、氢、氧来源于空气中的二氧化碳和水，其他元素取之于土壤和肥料中。

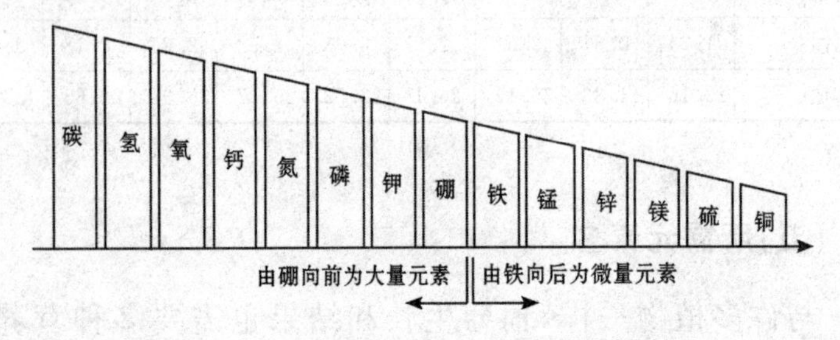

图 3-1　葡萄所需元素　（张凤仪和张清，2001）

(一)氮

氮是合成氨基酸的重要元素之一，氨基酸又是合成蛋

白质和酶的物质基础。氮也是磷脂、细胞核的核酸、叶绿素、生物碱的主要成分，它是构成葡萄体内有机化合物的必要物质。氮素对葡萄的品质和产量具有显著作用，适时、适量供应氮素，可以促进枝蔓生长，使树体生长旺盛，叶色浓绿，对开花、受精、坐果以及花芽分化都有良好的影响。葡萄缺氮时首先会导致新梢上部叶片变黄，新生叶片变薄、变小，老叶黄绿色带橙色或变成红紫色；新梢节间变短，花序纤细，花器分化不良，落花落果严重，生长结束早（图 3-2）。氮素严重不足时，新梢下部的叶片变黄，甚至提早落叶。花、芽及果均少，果穗和果实小，产量低，但果实着色可能较好。氮素缺少并不引起专化性器官畸形。在栽培葡萄中，由于氮素从果穗附近的叶片转移至果粒内，所以缺氮症是在果粒成熟后（变色）开始表现的。

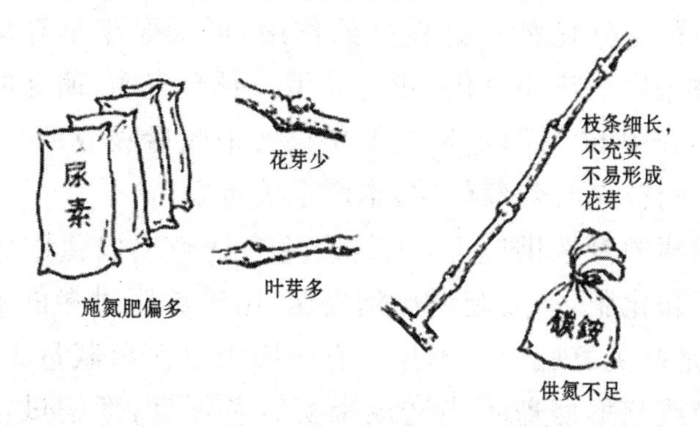

图 3-2　氮素供应失常对葡萄生长的影响　（张凤仪和张清，2001）

在长期冷凉、潮湿的天气下，葡萄表现的“冷凉—气候褪绿型”症状与缺少氮素症状相混淆。低温可减少叶绿素的合成，温度升高后，绿色又恢复。诸如线虫等土壤害虫造成的主要根机械损伤破坏，可阻止营养吸收和运输，其症状易与氮素缺乏症状混淆。

氮素过剩促进生长，节间变粗、伸长，叶片呈深绿色、增厚。氮素过多还能导致梢枝过度生长及伸长，不利于坐果，延迟浆果成熟，使果实着色不良，品质下降，同时还容易遭受病虫危害，使植株越冬性能降低。氮过多时，葡萄酒中的蛋白质多，不易澄清且易败坏，风味也不协调。

葡萄氮素的吸收有两个明显的高峰阶段，自萌芽后逐渐开始，在末花后至转色期前达到高峰，之后吸收量有所下降，在果实采收后至休眠前出现第二次吸收高峰。在第二次吸收高峰期，植株所吸收的氮量占全年吸收量的34%，采收后及时追施氮肥对增强后期叶片光合作用、树体养分的积累和花芽分化都具有良好的作用，可供翌年早春树体萌芽、抽枝展叶、花芽分化、开花等用。研究表明，萌芽时树体贮藏养分中60%的氮是在上年果实采收后吸收的。因此，秋季氮肥补充对葡萄优质、丰产至关重要。

葡萄的氮素供应上，一是避免大量施用以氮肥为主的有机肥和化肥，造成肥料比例失调，出现氮肥过多的不良症状；二是避免氮肥相对不足。有时因为果实负载量太高，土质贫瘠或整形修剪不当造成果实着色不良，新梢过早地停止生长。因此，使用氮肥的多少以及何时施用氮肥，一定要根据土壤肥力和植株的长势而定。在增施有机肥提高土壤肥力的基础上，葡萄生产过程中一般可在3个时期补充氮

素化肥，即萌芽期、末花期后、果实采收后。每 667 米^2 施尿素 30～40 千克或相当氮素含量的其他氮素化肥。

(二)磷

磷是细胞中核苷酸、核蛋白与磷脂类物质的重要组成成分，是原生质和细胞核的主要成分，大量存在于花、种子等繁殖器官，与细胞分裂关系密切，而且也是酶与辅酶的重要成分。磷在葡萄代谢过程中，起能量转化和贮藏作用，它可促进细胞分裂，加速根系生长，加快花芽分化，提高浆果品质，增加糖分、减少酸度，成熟快、着色好、耐贮藏，可改进葡萄酒的风味。施用适量磷肥，可提高抗旱、抗寒、抗病能力。磷在植物组织中容易移动，在代谢旺盛的幼嫩组织中含量特别多，缺磷对幼嫩组织的影响最大。磷对糖的合成和运转有良好的促进作用。因此，鲜食葡萄和酿造葡萄栽培中一定要重视磷肥的施用。

磷的功能是其他任何元素都代替不了的。磷供应充足，开花早，新梢健壮，坐果好，果粒着色佳，含糖量增加，品质好，抗病、抗旱、抗寒力增强。磷对葡萄花芽分化的作用比其他元素要明显。缺磷时，叶柄及叶片下表面呈红色或紫红色，花芽分化不良，叶片易早期脱落，果实色泽发暗，延迟葡萄的萌芽、展叶、开花，浆果品质下降(图 3-3)。磷施用过多时，会影响铁、钙、锌和氮的吸收，造成叶片黄化或白化，果实偏小，糖分含量降低。

一般葡萄在休眠期不吸收磷，葡萄展叶后，随着枝叶生长、开花和果实膨大，对磷的需要量逐渐增加，应及时适量

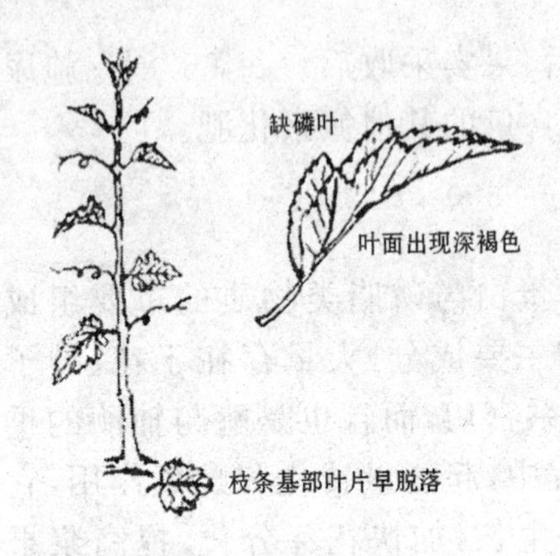

图 3-3　葡萄缺磷症状
（张凤仪、张清，2001）

地供应磷肥。其后，贮藏于茎叶中的磷向成熟的果实中转移。采收后，茎、根部磷的含量增加。磷在土壤中极易转变为不可给态，最好与有机肥混合发酵后在秋季作基肥施入，一般以全部磷肥施用量的2/3～3/4作基肥，其余作追肥。追肥和叶面喷肥多在浆果成熟期施用，以促进着色和提高浆果品质。施磷肥应抓好新梢生长前和果实成熟这两个关键时期。葡萄磷元素的补充仍以土壤施入为主，在增施有机肥的基础上，宜在花期前后和果实采收后施入适当化肥，可选用磷酸铵、磷酸二氢钾或含磷的果树专用肥料等。每667米^{2}施过磷酸钙10～15千克或相当磷素含量的其他磷肥。

磷肥施入土壤后，很快被固定，在土壤中移动很慢，不易流失，故磷肥最好与有机肥混合发酵作基肥施入。因此，余下可在生长后期，即在植株根系吸收养料的能力减弱时，用磷进行根外追肥，可起到提高产量、品质的作用。为了提高肥效，适当靠近根系深施。增施镁肥，有利于磷的吸收，而钙、钾过多，影响磷的吸收。与氮、钾相比，土壤干旱不利于磷的吸收。如在生长期需要补充磷肥，可用土壤追施或

叶面喷施磷酸二氢钾。

（三）钾

钾并不参与植物体内重要有机体的组成，但对碳水化合物的合成、运转、转化等方面起着重要作用。钾以离子状态存在于生命活动最活跃的幼嫩部分。钾肥足，则根发达，细根增多，枝条组织坚实，花芽分化良好，浆果早熟而含糖量增高。此外，还有利于根系发育，促进枝条成熟。葡萄是喜钾肥植物，有钾素作物之称。它在整个生长过程中都需要大量的钾，尤其在果实成熟期间需要量更大。

缺钾是葡萄最常见的营养失调症。当组织内钾的含量下降至临界水平时，缺钾的症状随叶片生长发育阶段变化很大，正在发育枝条的中部叶片首先呈现叶缘失绿。在生长季前期，缺钾叶片色泽成块变浅，沿嫩叶叶缘出现几个坏死斑。在干燥季节，坏死斑的形态、数量和大小变化很大，常散生在脉间组织上。叶缘干燥、卷曲或下垂，叶片畸形或皱缩。在夏末，枝梢基部的老叶表面直接接受到阳光变为紫褐色至暗褐色，尤其是在果穗附近。特别是果穗过多的植株和靠近果穗的叶片，变褐现象尤为明显。黑叶症状先在脉间开始，但也可扩展到整个叶片的上表面。因为成熟后的果粒变成一个吸钾“池”。所以，采果过重的葡萄叶片变褐尤为明显。在干旱年份，缺钾症状也相当普遍。严重缺钾的植株，果穗少而小，穗粒紧，色泽不均匀，果粒小（图3-4）。反之，施钾过量则阻碍葡萄植株对镁、锰和锌的吸收而出现缺镁、缺锰或缺锌症状。

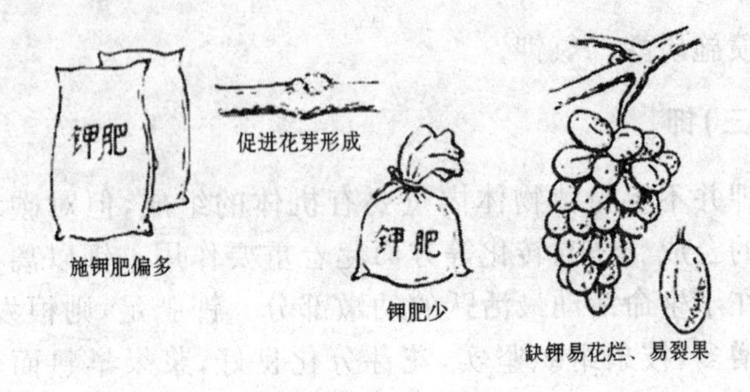

图 3-4 葡萄树施钾肥 （张凤仪和张清，2001）

钾元素以离子形态(K^+)被植物吸收利用，葡萄根系在萌芽后 3 周开始吸收钾元素，吸收速率逐渐增大，从落花至转色期为吸收高峰，此期间吸收的钾元素量可占全年吸收量的 50%，之后从转色期至采收前吸收速率明显下降。钾的第二次吸收高峰出现在采收后，大约持续 1 个月，结束期较氮、磷等其他元素早。因此，应抓住施钾的关键时期，一是花后 3～5 周，二是开始转色后 3～4 周。

葡萄钾元素的补充以土壤施入为主，在增施有机肥的基础上，宜在花期前后和果实采收后施入适当化肥，可选用硫酸钾或含钾的果实专用肥料等。每 667 米^2 施入 20 千克硫酸钾或相当钾素含量的其他钾肥。

钾肥可以作基肥和追肥用。施用钾肥一般在轻质土壤比黏重土壤效果好，特别在含氮量较多的土壤里，施钾肥效果比较明显，因为钾肥可促进植物更好地利用土壤中氮，而土壤中氮的存在，能更好地发挥钾的效果。因此，钾肥最好

与氮肥配合施用。钾肥施用后也容易被土壤固定，应适当深施并靠近根系，在生产上一般以钾肥全部用量的一半作为基肥，另一半可在需钾关键期追施。钾也可根外追施，一般可用0.5%～1%硫酸钾或2%～3%草木灰浸出液。此外，还可喷布0.2%～0.3%磷酸二氢钾溶液2～3次，对葡萄生育和浆果质量都有良好作用。

（四）钙

钙是细胞壁和细胞间层的组成成分，对碳水化合物和蛋白质的合成过程有促进作用，它能调节生理活动，有利于氮、磷的吸收。钙还是α-淀粉酶、三磷酸腺苷（ATP）酶等多种酶的激活剂。丰富的钙，可使果实甜度及硬度增加，使之耐运输和贮存。钙对分生组织的生长，尤其对根尖的生长和功能的发挥是不可少的。它以果胶钙的形态存在于细胞壁中层，其功能是巩固细胞、增强抗病虫能力。钙大量存在于叶片中，老叶比幼叶多。钙在土壤中能缓和及降低钾、钠、铝等离子对根系的毒害。钙可促使土壤中硝态氮的转化和吸收，使土壤中不溶性磷、钾变为可溶性养分；能中和植物体内的有机酸，调节酸、碱反应，使之免受毒害。钙对糖分的形成、对固定二氧化碳及芳香物质都起着直接和间接的作用。

所以，在钙质充足的情况下，可提高浆果的香味和风味。钙缺乏时，影响氮素的吸收，因此缺钙有缺氮的症状，叶色变淡，叶脉间有灰棕色斑点，叶片变小，甚至变褐而枯死。根系发育受阻，新根短粗、弯曲、尖端死亡。果实糖分积累少，果味淡。钙过多，土壤易偏碱，使铁、锰、锌、硼等变成不溶性，导致缺素症，特别是缺铁失绿症的发生。在我国南方酸性或偏酸性土壤上，施用石灰后可提高葡萄浆果品质和增加产量。

葡萄根系对钙的吸收主要集中在花期至转色期，吸收量占全年总量的60％。补钙可在生长期叶面喷0.3％硝酸钙溶液。

（五）硼

硼对碳水化合物的运转、生殖器官的发育有重要作用。硼能促进花粉粒的萌发，使花粉管迅速进入子房，有利于授粉受精和浆果的形成，能提高果实中维生素和糖的含量，改善果实品质。能提高光合作用强度，促进光合产物的运转，增加叶绿素含量，使韧皮部和木质部发达，导管数目增加，加快新梢成熟。

葡萄缺硼时，枝蔓节间变短，植株矮小。缺硼严重时，新梢生长缓慢，致使新梢节间短，有时结节状肿胀，然后坏死。副梢生长弱，叶片明显变小、增厚、发脆、皱缩、向外弯曲，叶缘出现失绿黄斑，严重时叶缘焦枯。开花时花冠不易脱落或落花严重，花序干缩，结实不良。果穗小，果粒横径减少一半以上，单粒重减少2/3，无种子小粒果实占全穗的60％以上，形成明显的“珍珠穗型”。缺棚植株的根系分布较浅，根系短而粗，有时膨大呈瘤状，并有纵向开裂现象，每平方米土壤剖面死根数量超过10％以上，比健株增加1倍。

沙地易产生缺硼。酸性土壤及钙质土壤容易缺硼。轻

质土壤每公顷施硼砂4～6千克、黏质土壤施硼砂8～10千克，对克服葡萄缺硼有良好效果。在开花前叶面喷布0.3%～0.5%硼砂或硼酸水溶液，对提高坐果率也有明显效果。需要注意的是土壤施硼有效期较长，无明显症状时不需要土施，以免造成毒害。

硼的吸收与灌溉有关，干旱条件下不利于硼的吸收，另一方面，雨水过多或灌溉过量易造成硼离子淋失，尤其是对于沙滩地葡萄园，由此造成的缺硼现象较为严重。

（六）铁

铁是多种氧化酶的组成，参与细胞内的氧化还原作用。铁是触媒剂，铁不是叶绿素的成分，但活化铁对叶绿素的形成有促进作用。铁还是组成细胞色素的重要物质，与植物体内的能量代谢有重要作用。缺铁时，叶绿素合成受阻，主要症状是“失绿症”。症状为从枝蔓顶端开始，叶片黄化，仅留叶脉两侧为绿色，严重时还会造成落叶。由于叶片黄化，光合效率降低，造成植株生长不良，果粒发育迟缓，着色差，严重影响产量和品质。但与缺镁失绿症不同，首先表现为顶端嫩叶变小，全面黄化，仅叶脉保留绿色。因此，黄化病首先在幼叶上表现症状，而老叶仍为绿色。

植株缺铁往往与土壤偏碱和灌溉用水pH值有关，土壤的pH值每增加1，铁在水中的溶解度就会成千倍下降。葡萄叶片对铁的吸收与运转都很慢，故叶面喷布硫酸铁类的化合物效果不良。土壤施用铁螯合物的效果较好，但根本措施是增施有机肥，改良土壤。植株缺铁往往与土壤偏碱或灌溉用水 pH 值有关。

(七)锌

锌是葡萄植株不可缺少的营养元素,它直接影响葡萄植株的呼吸作用。锌也是多种酶类的组成成分,它参与氧化还原过程,与叶绿素和生长素的形成有关。在光合作用营养物质的运转过程中起促进作用。锌是重要的生物催化剂。与许多酶类的活动有关,同铁一样参与氧化还原作用。锌与植物生长激素、叶绿体和淀粉的形成,新梢节间的伸长,叶片正常的生长,花粉发育及果粒的充分生长均有关系。缺锌最典型的症状是“小叶病”,即新梢节间短,叶片小且簇生,质厚而脆,叶脉间叶肉黄化,严重时干枯脱落,果穗上形成大量无核小果,产量显著降低。缺锌在嫩梢顶端的组织内反应最快。沙地含锌量少,且易流失,所以缺锌较为普遍。

有机质含量低的土壤易缺锌,碱性土壤使锌呈不可给态。栽植在沙质土壤、高 pH 值土壤、含磷元素较多土壤上的葡萄树易发生缺锌现象。茎尖分析结果表明,补充锌的效果仅可持续 20 天。因此,锌应用的最佳时期为盛花前 2 周至坐果期。落叶前施用锌肥,可以增加锌营养的贮藏,对于解决锌缺乏问题非常重要和显著。落叶前补锌,开始成为重要的补锌形式。

(八)镁

镁是叶绿素的重要成分,与光合作用密切相关,镁还是

多种酶类的催化剂。主要存在于葡萄植株活跃的幼嫩组织和器官中。适量的镁能促进光合作用及磷的吸收和转化，增大果个，改进品质。葡萄植株对镁的需要量较多，因为它参与光合作用，能促进植物体内磷的转化，有利于花青素和果胶物质的生成，能消除钙过剩的有害作用。缺镁时，影响叶绿素的形成，叶脉间出现黄化或红色，甚至褐色，但叶脉仍保持绿色，叶片皱缩，严重时新梢中下部叶片早期脱落。新梢顶端呈水渍状，坐果率和果粒重下降。沙土、酸性土镁易流失，应增加有机肥施用量，提高镁素利用率。

葡萄需镁的关键时期，一是花前或花后，二是转色期。施镁需要配合灌水，并注意与其他阳离子的平衡关系。沙土、酸性土镁易流失，通过增加有机肥和钙镁磷肥用量，提高镁的利用率。

(九)锰

锰与许多酶活动有关，参与氮的转化、碳水化合物运转等，影响叶绿素的形成，参与光合作用的放氧过程，能加速萌发和成熟。缺锰时，基部老叶发生失绿，上部幼叶保持绿色。锰对叶绿素的形成，糖分的积累、运转及淀粉的水解等生理过程起促进作用。缺锰时，碳水化合物和蛋白质的合成削弱，叶绿素含量降低，新梢基部老叶发生失绿，上部幼叶保持绿色。在碱性土壤中，锰呈不可给态，常出现缺锰症状。缺锰时，嫩叶褪绿，植株生长不良，开花少；而锰过量常表现缺铁症状。

(十)铜

铜能加强叶绿素的形成,促进光合作用,影响碳水化合物的代谢,并能提高植株的抗寒性和抗旱性。铜是植物体内许多酶的组成成分,参与植物体内氧化还原过程,增加呼吸作用、放出能量,参与碳水化合物及氮代谢。常喷波尔多液的葡萄园,叶片厚,叶色浓绿,落叶期明显推迟,枝条充实、芽眼饱满;但铜过量时,会产生节间缩短。一般盐碱土易缺铜,缺铜叶片失绿、黄化,不能开花结果,严重时叶片干枯。铜过量常导致植物缺铁。

三、元素间的相互作用

葡萄所需要的各种营养元素,除碳、氢、氧来自空气和水以外,其余都来自土壤中。各种元素在树体内并不是孤立存在,而是存在着复杂的相互关系(图 3-5)。即一种元素增加或减少会对其他一些元素产生影响,主要有 3 种表现形式。

(一)增效或协同作用

当某一元素进入植株体内,会使另一种元素或多种元素随之增加;或土壤中某一元素的存在,促进某一元素或多种元素被根系吸收。如适量的镁可促进磷的吸收和同化,或树体内适量氮素可促进镁的吸收,或适量锰素可提高植物对硝酸盐和铵盐的利用,因为锰是硝酸盐的还原剂,又是

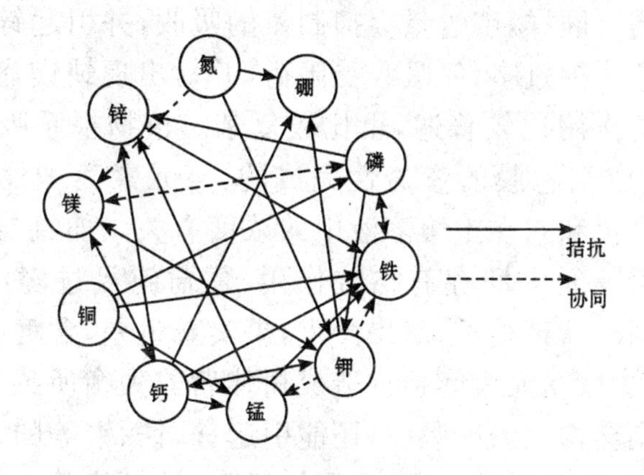

图 3-5　元素相互作用图　（杨庆山，2000）

铵盐的氧化剂。钾可以促进氮的吸收，对氮的代谢产生直接影响。适量的镁，可促进磷的吸收和同化。铁和碳的整合剂可为植物所吸收等。阴离子对阳离子的吸收一般都具有协同作用，如氮肥与钾肥配合施用，这是因为磷能促进作物体内碳水化合物的运输，有利于氨基酸的合成，然后氨基酸进一步合成蛋白质。总之，了解营养元素之间的相互作用，并在农业生产中加以应用，通过合理施肥的措施，充分利用离子间的协同作用，避免出现拮抗作用，就能达到增产的目的。

（二）拮抗作用

当某一元素增加会妨碍、减少其他一些元素吸收，造成树体营养失衡，如氮与钾、硼、铜、锌、磷等，若施氮过多，抑制钾、磷吸收，新梢过旺，落果严重，果粒着色差，含糖量低，发病率高。同样,磷过量会抑制氮的吸收,并引起锌、铁、铜等缺素症。钾过多,氮吸收受阻碍,并易出现缺镁症。元素间的拮抗作用比较普遍,也比较复杂。植物根系吸收矿质元素,是由细胞膜的渗透性完成的,与元素离子性质(正、负)、离子价和它在土壤溶液中的浓度有关。如氮与钾、硼、铜、锌、磷等元素间存有拮抗作用,葡萄施氮过多,会抑制钾、磷吸收,新梢徒长,落果严重,果实着色差,含糖率低,发病率高,这就是元素间拮抗造成树体营养失衡所致。同样,磷酸过剩会抑制氮的吸收,还能引起锌、铁、铜等的不足症。钾过剩,氮吸收受阻,并易出现缺镁症、缺钙症等。例如,在酸性土壤上氮肥施用不宜过多,否则作物吸收钙离子就困难。在缺钾的沙性土上,氮肥与钾肥应配合施用,但钾肥施用一次不能过多,因为钾离子对钙、镁和铵的吸收也会产生拮抗作用。钾施多了,会引起植物缺钙、缺镁。此外,硝酸根离子与磷酸根离子之间的拮抗作用在生产上也是存在的。因此,施用硝态氮肥时,应重视增施磷肥。作物缺磷时,由于过量施用氮肥而诱发作物缺锌也是拮抗作用的典型例证。

(三)相互相似作用

几种元素都能对某一代谢过程或代谢过程的其中一部分起同样的作用,一元素缺少,还可部分地被另一元素所代替。

葡萄所必需的营养元素在树体内不论数量多少,都同等重要,任何一种必需元素的缺乏,都会出现生理病害,影

响树体的正常生长发育，如缺铁导致黄叶病，缺锌导致小叶病等。只有提高这种元素的含量，或设法协调元素之间的浓度比例，才能将产量或品质提高到一个新的水平。任何一种营养元素的特殊功能都是不能被其他元素所替代的。另外，影响树体的最小养分不是固定不变的，而是随条件变化而变化的。当这种最少养分得到补充和满足之后，葡萄产量提高，品质得到改进。此时的最小养分也为其他养分所取代。因此，要经常做好调整工作，多施有机肥是保持植物营养元素平衡的关键。

四、缺素症的识别与矫正

葡萄正常生长发育需要吸收 16 种必需营养元素。由于各种营养元素在植物体内都具有各自独特的生理作用。因此，当土壤中某种养分供应不足时，往往会导致一系列物质代谢和运转发生障碍，从而在植物形态上表现出某些专一性的特殊症状，这就叫营养缺素症。葡萄对缺乏不同元素所表现的症状见图 3-6。

营养缺素症是由于营养不良而引发的一种"病害"，而不是由病原菌侵染引发的病害。由于起因不同，防治的措施当然就不一样。人们把因缺乏养分引起的缺素症称为生理病害，它可以通过合理施肥来解决；而对于病原性病害，则应用喷洒农药来防治。应当指出，营养缺素症是植物体内营养失调的外部表现。因此，对作物进行形态诊断是合理施肥的重要依据。生产上如能及时施所缺元素的肥料，

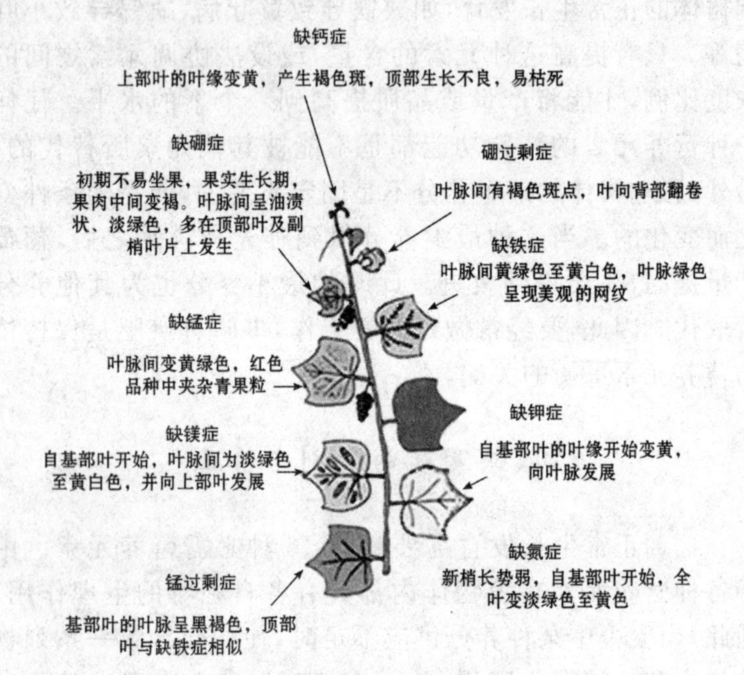

图 3-6　葡萄营养失调综合图示

一般症状可以消失，产量的损失也可大大减轻。

(一)缺素症检索表

1. 症状最初发生在整株树或新梢的老叶上

1.1　整株树表现异常，新梢下部的老叶变化显著，但一般不出现枝梢枯死现象

1.1.1　先从老叶开始褪色，呈黄绿色，严重时逐渐波及幼叶，嫩枝泛红色，枝梢变细，叶片变小——缺氮

1.1.2　老叶呈现青铜色，幼嫩部分呈暗绿色，老叶的暗绿色叶脉间呈现淡绿色斑纹，茎部和叶柄带紫红色或紫色；严重时新梢变细，叶片小、挺立或呈舌状——缺磷

1.2　症状最初发生在新梢下部的老叶上，叶片黄化或出现黄斑，或在叶片上出现黄斑，叶缘呈烧焦状，或出现枯死现象

1.2.1　叶组织呈枯死状态，从小斑点发展到成片烧焦状，茎变细，叶片扭曲——缺钾

1.2.2　叶组织坏死，最初在新梢下部大叶片上出现黄褐色至深褐色斑点，逐渐向上部发展，严重时有落叶现象，最后在新梢先端丛生浅暗绿色叶片——缺镁

1.2.3　叶片小而细，新梢先端黄化。茎细、节间短、叶丛生。严重时从新梢基部向上部逐渐落叶。不易成花，即使有花也小。果小而少、畸形——缺锌

2. 症状最初发生在幼嫩组织和叶片上，故在新梢先端容易发生

2.1　新梢先端开始枯死，幼叶部分开始枯死

2.1.1　幼叶沿叶尖、叶脉和叶缘开始枯死，然后新梢顶端枯死——缺钙

2.1.2　幼叶略黄化，厚而脆，卷曲变形，严重时芽枯并波及嫩梢和短枝。果实黄化或果肉褐化（果实干缩凹陷成干斑，畸形），有时呈海绵状——缺硼

2.2　枝梢先端极少枯死，只是幼叶颜色变化明显

2.2.1　幼叶和接近成叶的叶片严重褪色，呈黄白色，

叶脉仍保持原色或褪色较慢——缺铁

(二)缺素的因素分析

葡萄缺素的原因很复杂,有土壤、品种和砧木因素,也可由栽培技术不当引起。

第一,土壤发育的基础条件不同,出现土壤中缺乏某些元素。例如,缺乏有机质的风积沙土,多为贫氮、缺硼;淋溶性强的酸性沙土,多为贫钾、少锌;酸性火成岩发育而来的土壤,多为贫钙;碱性土、排水不良的黏土,多为缺钾;由花岗岩、片麻岩风化而成的土壤,多为贫锌;由黄土母质发育而成的土壤,多为贫铜等。

第二,土壤中含有的元素,由于干旱无水不能成为溶液,或溶液 pH 值不适宜而成为不可给态,或元素被土壤颗粒吸附固定,或元素间的不协调而影响一些元素不能被根系所吸收等。

第三,由于土壤管理不善,如土壤板结缺少氧气,固、气、液三者比例失调,使养分成为不可给态。因早春和冬季气温低或夏秋高温,限制根系的活动和某些元素的吸收等。

第四,由于品种对土壤性质不适应,如康太葡萄在石灰质土壤中栽植,造成严重缺铁、缺锌,出现叶片黄化、新梢节间短缩、叶小丛生等症状。

第五,栽培技术不当,也常引起缺素症。如老园改造时,在原栽植沟上重栽,葡萄苗圃连年重茬,土壤中积聚一些有毒物质,影响某些元素的吸收。施肥不科学,造成肥分流失或不到位等。

(三)葡萄缺素症的发生和诊断

1. 葡萄缺氮

(1)易发条件　氮素是葡萄整个生长周期都需要的营养元素,以下条件更易发生缺氮症:一是缺乏有机质的土壤,雨水多、淋溶强烈的土壤,如沙土、新垦红壤、红黄壤、滩地等。二是不施基肥或基肥不足的葡萄园。三是施用未腐熟的有机肥料,由于微生物活动旺盛,易与葡萄争夺氮素,导致葡萄缺氮;而氮过剩则大多由施氮肥过量造成。

(2)诊断　树体叶片分析是诊断葡萄缺氮的常用方法。盛花后4～8周的末花期,取果穗上第一节成熟叶或叶柄分析,叶片含氮量低于1.5%时为缺乏,1.4%～3.9%(叶柄为0.6%～2.4%)为适量。有的认为叶柄中硝态氮含量达1 000～1 500毫克/升时,可保证浆果达到最高产量。

(3)防　治

①叶面喷肥　叶面喷肥能迅速弥补氮素的不足,常用的肥料种类有尿素、硫酸铵、硝酸铵及充分腐熟的尿液等,其中以尿素效果最好。用波尔多液和尿素混合喷布,能减轻尿素对叶片的伤害作用。叶面喷布尿素常用的浓度为0.2%～0.3%。

②全年均衡施用氮肥　春季葡萄植株缺氮对花芽继续分化和开花坐果都有不良影响。因此,生长前期应用速效氮肥予以追施,但在果实成熟前要控制施用氮肥。采收后及时追施速效氮肥,能增强后期叶片的光合作用,对树体养分的积累和花芽的分化有良好的作用,生产上应予重视。

③其他　叶面喷施能较快纠正氮素营养的不足，但绝不能代替基肥和追肥，对缺氮的葡萄园尤其要重视基肥的施用。葡萄定植时和每年秋冬季，要开沟施足优质的有机肥料，以改善土壤结构和保持土壤有充足的肥力。通常认为，生产 100 千克浆果，吸收氮总量为 12 千克。施肥量要根据植株生长势、树龄、产量、土壤含氮量以及肥料品种的不同而定。以 667 米^2 产 2 000 千克的葡萄为例，要求每 667 米^2 尿素氮肥不少于 30～50 千克。有机肥通常作基肥施用，用量为产量的 2～3 倍。基肥施用量占全年施肥总量的 60％～80％。

2. 葡萄缺磷

(1)易发条件　磷在酸性土壤上易被铁、铝的氧化物所固定而降低磷的有效性。在碱性或石灰性土壤中，磷又易被碳酸钙所固定，所以在酸性强的新垦红黄壤或石灰性土壤，均易出现缺磷现象。土壤熟化度低以及有机质含量低的贫瘠土壤也易缺磷。低温促进缺磷，由于低温影响土壤中磷的释放和抑制葡萄根系对磷的吸收，而使葡萄缺磷。

(2)诊断　葡萄叶片中磷（五氧化二磷）含量低于 0.14％时为缺乏，0.14％～0.41％为适量；叶柄中磷（五氧化二磷）含量<0.1％时为缺乏，0.1％～0.44％为适量。

(3)防　治

①叶面喷施磷素肥料，种类有磷酸铵、过磷酸钙、磷酸钾、磷酸二氢钾等，其中以磷酸铵和磷酸二氢钾效果最好。喷布浓度以 0.3％～0.5％为宜。一般幼果膨大期每 7～10

天喷施 1 次，共喷 3～4 次。

②在果实着色、枝条成熟期，为促进果实着色、增加浆果含糖量和枝条成熟充实，每 667 米^2 可施磷肥 20～40 千克，或在果实膨大后进行 2～3 次根外追肥，可用过磷酸钙滤液，浓度为 0.5%～2%；如用磷酸二氢钾，喷施的浓度为 0.3%。

③果实采收后，在施基肥时要重施磷肥，以 667 米^2 产 2 000 千克葡萄为例，每 667 米^2 至少要施用 30～40 千克过磷酸钙。一般每株成龄树施过磷酸钙 0.5～1 千克，与其他有机肥一同深施于树盘内或施肥沟内即可。

④酸性土壤施用石灰，调节土壤 pH 值，以提高土壤磷的有效性。

⑤低温积水，并及时中耕排水，提高地温，增施腐熟的有机肥料，促进葡萄根系对磷的吸收。

3. 葡萄缺钾

(1)易发条件　葡萄是需钾量较多的植物。沙质土壤、有机肥料施用少、单纯大量施用化肥的葡萄园，多雨或排水不良的土壤，均可引起葡萄缺钾。

细沙土、酸性土以及有机质少的土壤易缺钾。葡萄花期后，尤其在果实膨大期，需供应大量养分，常常由于土壤中含钾量不足而出现老叶褪绿及部分组织变褐枯死，尤其结果超负荷的植株，缺钾症更为明显。此外，降雨过多或被水淹的葡萄园，也会发生缺钾症。

(2)诊　断

①叶片分析诊断　葡萄叶柄钾(氧化钾)含量<0.15%时为缺乏,0.4%~3%为适量;叶片钾(氧化钾)含量<0.25%为缺乏,0.45%~1.3%为适量。

②土壤分析诊断　土壤中交换性钾含量<100毫克/升时,有可能出现缺钾。

(3)防　治

①合理施用钾肥　根据葡萄需肥特性和土壤含钾水平,一般生产100千克浆果,钾吸收总量为14千克,以667米^{2}生产2 000千克葡萄为例,每667米^{2}需要施用硫酸钾40~50千克,也可就地取材施用草木灰。高产优质葡萄后期要重视钾肥的施用。钾肥可土施,也可根外追肥,一般自7月份起,每隔半个月喷1次0.3%磷酸二氢钾溶液,直至8月中旬,共喷3~4次。根外喷施用3%草木灰或硫酸钾溶液,对减轻缺钾症均有良好的效果。

②增施有机肥　施用有机肥料可改善土壤理化性质,促进葡萄对钾的吸收和补充土壤钾素。

③排水、通风　当多雨或排水不良时,应深沟排水,适当修剪,控制副梢消耗养分,改善光照和通风条件。

④适量留果　勿使树体负荷过重,并注意适当控制氮肥施用量。因为在氮肥过多的条件下会抵消植株对钾的吸收和利用。

4. 葡萄缺硼

(1)易发条件　以下条件易使葡萄发生缺硼症。葡萄

缺硼症状的发生与土壤结构、有机肥施用量有关。沙滩地葡萄园和通气不良、土壤黏重的地区缺硼现象较为严重。在过于干燥的年份和灌水少的园地，缺硼症病株也明显增加，特别是在花期前后，土壤过于干旱时更易加重缺硼症的发生。一是土壤 pH 值偏高，一般当土壤 pH 值在 7.5～8.5 或易干燥的沙性土中，容易发生缺硼症。二是土壤结构，如土壤有机质含量少的沙滩地和连续 2 年不施有机肥，活土层不足 25 厘米，心土通气不良的黏重土壤等，容易发生缺硼症。三是氮肥、钾肥施用过量，会加重缺硼。四是生长季节气候干燥或低温。五是有机质含量低和少施有机肥料的土壤。在过于干燥的年份和灌水少的园地，缺硼症病株也明显增加，特别是在花期前后，土壤过于干旱时更易加重缺硼症的发生。

(2)诊　断

①土壤分析诊断　一般土壤水溶性硼低于 0.5 毫克/升为缺乏。

②叶片分析诊断　叶片含硼量在 6～24 毫克/升为缺乏，24～60 毫克/升为适量；叶柄含硼量＜30 毫克/升为缺乏，25～60 毫克/升为适量；欧亚种 20～50 毫克/升为适量。

(3)防　治

①施用硼肥，作基肥可用硼砂、硼酸或硼镁肥等。施用时与有机肥或氮、磷、钾化肥混合均匀后施入，每 667 米^2 硼砂用量为 0.5～1 千克，篱架葡萄每株为 30～60 克硼砂。作根外追肥用硼砂，浓度为 0.2%，花蕾期和初花期各喷

1次。

②深耕多施有机肥，促进土壤熟化，有利于加强葡萄根系对硼的吸收。

③遇干旱及时灌溉，可减轻葡萄缺硼。

5. 葡萄缺铁

(1)易发条件

①若土壤属石灰性土壤，土壤呈中性和碱性时，三氧化二铁易发生固定而不易被吸收，而从土壤溶液中沉淀下来，故易发生缺铁症。另外，石灰或碱性肥料施用过多的土壤，土壤中碳酸钙含量过高，使pH值升高，限制了三价铁离子向二价铁离子的转化，使土壤中有效铁(二价铁离子)减少。

②施用磷肥和含铜肥料过多的土壤，由于拮抗作用使铁失去生理活性。一是磷与铁产生化学反应而形成难溶于水的磷酸铁盐，使铁离子被固定，减少了有效铁。果树体内如已吸收过多的磷，也会抑制对铁元素的正常吸收。二是铜本身对铁的拮抗作用最大。

③多雨、地下水位高、渍水等引起土壤过湿，促进游离碳酸钙溶解，碳酸氢根离子增加，抑制对铁的吸收利用。另外，大型机械镇压及其他原因引起的土壤板结，通气不良，二氧化碳易积累，碳酸氢根离子增加，诱发缺铁。

(2)防　治

①增施有机肥。有机质分解产物对铁有络合作用，可增加铁的溶解度。对缺铁严重的果园，可将铁肥与有机肥混合使用，以减少土壤对铁的固定。

②适当减少磷肥和硝态氮肥的施用，增施钾肥，可促进铁肥吸收。尽量避免长期使用铜制剂农药。

③叶片上发现褪绿症时，应立刻喷布0.3%～0.5%硫酸亚铁溶液，在早春或秋季休眠期用5%硫酸亚铁溶液喷洒枝蔓，为了增强葡萄叶片对铁的吸收，喷施硫酸亚铁时可加入少量食醋和0.3%尿素液，对促进叶片对铁的吸收、利用和转绿有良好的作用。若在硫酸亚铁溶液中加上0.15%柠檬酸，可防亚铁转化成三价铁而不易被吸收，也可以喷施一些含螯合铁的微肥。

6. 葡萄缺锌

(1)易发条件　葡萄缺锌主要是受土壤高pH值、高碳酸盐、高磷酸盐和土壤锌含量低、温度低等条件影响。因此，石灰性土壤容易缺锌，施用过量的磷肥也会引发葡萄缺锌症。缺锌多发生在沙滩地、盐碱地及瘠薄的山岭果园。去掉表土的果园也易发生缺锌现象。特别是施用磷肥较多的土地，土壤中的锌可与磷酸根结合生成磷酸锌，不能被植物根系吸收而表现缺锌。因此，单纯依靠土壤施肥难以解决缺锌问题。

(2)诊　断

①叶片分析诊断　葡萄叶柄中锌含量低于11毫克/升为缺乏，25～50毫克/升为适量，叶片锌含量低于20毫克/升，有可能出现缺锌。

②土壤分析诊断　中性、石灰性土壤，一般用二乙基三胺五乙酸(DTPA)浸提，锌含量<0.5毫克/升，为缺锌土

壤;酸性土壤用0.1摩盐酸浸提,锌含量低于1毫克/升,葡萄可能缺锌。

(3)防治　一是冬季修剪时用10%硫酸锌溶液涂抹剪口,有一定的效果。二是开花前2～3周及开花后数周内喷施0.2%硫酸锌溶液。三是加强田间管理,疏松土壤,提高地温,有利于土壤锌的释放,从而减轻缺锌症。改良土壤结构,增施有机肥。沙质土壤含锌盐少,而且容易流失,而碱性土壤锌盐易转化成不可利用状态,不利于葡萄的吸收和利用。所以,改良土壤结构、加强土壤管理、增施有机肥料、调节各元素平衡协调,对改善锌的供应有良好的作用。

7. 葡萄缺钙

(1)易发条件　氮多、钾多明显地阻碍了对钙的吸收;空气湿度小,蒸发快,补水不足时易缺钙;土壤干燥,土壤溶液浓度大,均阻碍对钙的吸收。

(2)诊断　葡萄缺钙的含量标准为:7～8月份叶片干重含量达1.27%～3.19%为适量,低于上述标准即为缺钙。

(3)防治　避免一次用大量钾肥和氮肥;适时灌溉,保证水分充足;叶面喷洒0.3%氯化钙水溶液。

8. 葡萄缺锰

(1)易发条件　酸性土壤条件下一般不会缺锰,若遇土质黏重、通气不良、地下水位高、pH值高的土壤较易发生缺锰症。

(2)诊断　在植株中正常浓度为20～500毫克/升。通常植株地上部锰的水平在15～25毫克/升时则表现缺锰。

(3)防治　增施有机肥,改善土壤理化性质有预防缺锰作用;缺锰的葡萄园,在花前喷洒0.3%～0.5%硫酸锰溶液,能够调整缺锰状况,并能增加产量和促进果粒成熟。

9. 葡萄缺镁

(1)易发条件　缺镁主要是受土壤含镁量、pH值、钾、钙、铵含量和温度等影响。以下情况易发生葡萄缺镁症:一是沙质土壤由于镁含量低,不能满足葡萄生长的需要。二是酸性土壤,葡萄受铝离子的毒害而影响葡萄对镁的吸收。三是钾和铵离子与镁存在拮抗作用,因此,钾和铵态氮肥施用过量时,葡萄易缺镁。四是低温会降低镁的有效性和植株对镁的吸收。五是有些品种,如白香蕉对镁敏感,容易发生缺镁。

(2)诊　断

①叶片分析诊断　叶片镁含量<0.12%时为缺乏,0.23%～1.08%为适量;叶柄镁含量0.26%～1.5%时为适量。

②土壤分析诊断　当土壤中交换性镁的含量低于30毫克/升时,葡萄有可能出现缺镁症。

(3)防　治

①平衡施肥　平衡施用氮、磷、钾肥料,避免大量施用钾肥和氮肥。

②调节pH值　pH值<5的酸性土壤可施用白云石粉或石灰石粉,调节土壤pH值,提高土壤供镁能力。

③施用水镁矾　中性或碱性缺镁的土壤可施用水镁

钒,一般每 667 米^2 用量 10～15 千克。

④喷施硫酸镁　落花后每隔 10～15 天,喷施 2%硫酸镁溶液,一般喷 3～4 次。

(四)缺素症的矫正

葡萄缺素症是当葡萄缺少某种元素或某种元素比例不适时,葡萄在外观上的表现,一般是在这种缺乏达到一定程度时才出现,如锌元素在葡萄叶中含量低于 10～12 毫克/升时可能会出现问题,但只有在含量降至 5 毫克/升左右时才出现明显的缺素症状。因此,对于葡萄缺素症的防治中防要大于治,以消除植株"亚健康"状态。在增施有机肥、提高土壤有机质的前提下,重视元素的植物可吸收形态转化及元素间的相互作用,分析缺素症形成的原因,必要时适时、适量、平衡补充矿质元素。

葡萄营养缺素症防治:一是要改良土壤,为根系生长创造适宜的环境条件;二是要改善果园基础条件,做到旱能灌,涝能排;三是要增加有机肥的施用量;四是要本着缺什么补什么的原则,实行配方施肥。

对被矫正的葡萄进行叶片分析,测得植株元素全量数据,然后查对正常葡萄叶片各元素的标准指标(含量),找出差距即为该葡萄所缺元素及其数量,再通过园地土壤营养分析,测定土壤中各种元素的全量和可给态。最后按下列公式计算出应补充的元素矫正值(即补肥量):

$$\text{某元素的补肥量}=\frac{\text{植株所缺数量}-\text{土壤可供数量}}{\text{肥料利用率(可吸收率)}}$$

第四章　肥料的种类及其对葡萄生长结果的影响

肥料是以提供植物养分为其主要功效的物料。它分为有机肥料、无机肥料和生物肥料（菌肥）。有机肥料主要有粪肥、绿肥、厩肥、堆肥、沤肥、沼气肥、作物秸秆肥、泥肥、饼肥等农家肥料以及商品有机肥等。这些肥料含有氮、磷、钾等多种矿物质和蛋白质、脂肪、糖类等有机物质，肥效较好而持久，但施用后见效较慢，所以又称为迟效肥料。无机肥料又称化学肥料，这类肥料的特点是所含营养成分比较单纯，大多数是一种化肥仅含1～2种肥分，施入后易被分解，很快见效，因此又称其为速效肥料，包括氮肥、磷肥、钾肥和钙肥等。生物肥料（微生物肥料）的种类较多，按照制品中特定的微生物种类可分为细菌肥料（如根瘤菌肥、固氮菌肥）、放线菌肥料（如抗生菌肥料）、真菌肥料（如菌根真菌）；按其作用机制分为根瘤菌肥料、固氮菌肥料（自生或联合共生类）、解磷菌类肥料、硅酸盐菌类肥料；按其制品内含分为单一的微生物肥料和复合（或复混）微生物肥料。复合微生物肥料又有菌一菌复合，也有菌和各种添加剂复合的。

肥料按化学成分分：有机肥料、无机肥料、有机无机肥料；按养分分：单质肥料、复混（合）肥料（多养分肥料）；按肥效作用方式分：速效肥料、缓效肥料；按肥料物理状况分：固体肥料、液体肥料、气体肥料；按肥料的化学性质分：碱性肥料、酸性肥料、中性肥料。

一、有机肥料

凡是营养元素以有机化合物形式存在的肥料，称为有机肥料。其特点是：种类多、来源广、养分完全。它能改良土壤的理化性质，肥效释放缓慢而持久，但它含量低，不稳定。生产上常用的有厩肥、禽粪、堆肥、饼肥、人粪尿、灰肥、土杂肥、绿肥以及饼肥等，所含营养元素比较全面，除含有氮、磷、钾主要元素外，还含有微量元素和各种生理活性物质（包括激素、维生素、氨基酸、蛋白质、酶等），故称为完全肥料。此类肥料对改良土壤结构、提高地力和保水能力，特别是改良沙薄地具有明显效果。

多数有机肥需要通过微生物的缓慢分解释放才能被葡萄根系所吸收，在整个生长期可以持续不断地发挥肥效，以满足葡萄不同生长阶段、不同器官发育对营养元素的全面需要，从而避免元素流失和元素间拮抗等引起的缺素症的产生。故有机肥料多作基肥施用。有机肥中，饼肥肥效最高，鸡粪次之，但最经济；人粪尿效力快，可作追肥用。

（一）粪肥（人粪尿）

包括人、畜、禽的粪尿等，是一种良效肥，含有较多的氮、磷、钾等肥分，同时含有一定量的钙、硫、铁等元素，有机质含量少，为5%～10%，含氮0.5%～0.8%、磷0.2%～0.4%、钾0.2%～0.3%、可溶性盐1.5%，pH值为中性，易

分解，肥效较快，但它易挥发和流失，且带有病菌，不卫生，不宜直接使用，可在发生沼气后使用，也可做堆肥和木屑发酵的氮源，宜作追肥使用（表 4-1）。因粪尿中的氮素容易挥发，所以在使用前应加盖保存，让其发酵后再用。人粪尿是我国施用最早和最普通的一种有机肥料，它肥分含量高，腐熟快，肥效良好，增产效果显著，在我国各葡萄产区均广泛应用。

表 4-1 人粪尿的养分含量

元素种类 \ 类别	鲜人粪	鲜人尿	鲜人粪尿
全氮（%）	1.16	0.53	0.64
全磷（%）	0.26	0.04	0.11
全钾（%）	0.30	0.14	0.19
粗有机物（%）	15.20	1.22	4.80
钙（%）	0.30	0.10	0.25
镁（%）	0.13	0.03	0.07
铜（毫克/千克）	13.41	0.20	4.99
锌（毫克/千克）	66.95	4.27	21.24
铁（毫克/千克）	489.10	30.43	298.48
锰（毫克/千克）	72.01	2.89	46.05
硼（毫克/千克）	0.90	0.44	0.70
钼（毫克/千克）	0.69	0.08	0.33

（二）厩 肥

厩肥是指家畜粪尿、垫圈材料和饲料残茬混合堆积并经微生物作用而成的肥料，富含有机质和各种营养元素，或称圈肥。各种畜粪尿中，以羊粪的氮、磷、钾含量高，猪、马粪次之，牛粪最低。排泄量则牛粪最多，猪、马粪次之，羊粪最少。厩肥是家畜、家禽的粪尿和垫料的混合物，同样含有较丰富的氮、磷、钾等。但垫料含纤维素多，分解较慢。农村中用粪坑把厩肥积存或堆积腐熟后使用，多作基肥，也可作追肥。成分与家畜种类、饲料优劣、垫圈材料和用量等有关（表 4-2）。

表 4-2 常用的几种厩肥营养物质百分含量统计表 （%）

种　类	有机质	氮	五氧化二磷	氧化钾	氧化钙	氧化镁	二氧化硫
猪圈肥	25.0	0.45	0.19	0.60	0.08	0.08	0.08
牛厩肥	20.3	0.34	0.16	0.40	0.31	0.11	0.06
马厩肥	25.4	0.58	0.28	0.53	0.21	0.14	0.01
羊圈肥	31.8	0.83	0.23	0.67	0.33	0.28	—

（三）绿　肥

绿肥指绿色植物秸秆沤制成的有机肥。绿肥是指直接翻埋或堆沤后作肥料施用的绿色植物体，其营养元素全，能改良土壤。绿肥作物可以改善土壤的理化性状，这是因为除了绿肥中的有机质能改善土壤结构外，其根系也有较强的穿插能力，使土壤疏松多孔，通透性和持水性增强，从而改善土壤的理化性质，使土壤水、肥、气、热比较协调。从不同角度出发可划分出不同类型。按生长季节划分为冬季绿

肥、夏季绿肥、春季绿肥和秋季绿肥。

1. 冬季绿肥　多为秋季或初冬播种，翌年春季或夏季利用，有一半以上生长期在冬季度过，如紫云英、苕子等。

2. 夏季绿肥　多为春季或夏季播种，至初秋利用，有一半以上生长期在夏季，如田菁、绿豆等。

主要利用途径：一是直接耕翻。直接耕翻绿肥是利用绿肥的主要方式，是为当季作物或下茬作物提供氮素等多种营养元素，又为土壤直接提供多量新鲜有机质。二是堆、沤制肥。将绿肥与秸秆、圈肥、杂草泥肥和其他废弃物进行堆、沤制肥。三是饲料绿肥。营养价值很高，豆科绿肥干物质中粗蛋白质含量为15％～20％，并含有各种氨基酸和各种维生素。种植肥饲兼用绿肥作物，是发展绿肥生产的重要方向。适合葡萄园种植的绿肥及其养分含量见表4-3。

表4-3　绿肥及其养分含量　（％）

（杨庆山，2000）

绿肥种类	鲜草成分				干草成分		
	水　分	氮	五氧化二磷	氧化钾	氮	五氧化二磷	氧化钾
紫穗槐	—	1.32	0.30	0.79	3.02	0.68	1.81
紫花苜蓿	83.3	0.56	0.18	0.31	1.53	0.53	1.49
草木犀	80.0	0.71	0.23	0.61	2.46	0.38	2.16
毛叶苕子	—	0.47	0.09	0.45	2.35	0.48	2.26
柽　麻	72.1	0.65	0.15	0.31	2.98	0.50	1.10
黑　豆	78.4	0.58	0.08	0.73	1.80	0.27	2.31
绿　豆	85.6	0.53	0.12	0.93	2.08	0.52	3.90
荞　麦	—	0.46	0.12	0.35	—	—	—

续表 4-3

绿肥种类	鲜草成分				干草成分		
	水　分	氮	五氧化二磷	氧化钾	氮	五氧化二磷	氧化钾
油　菜	82.8	0.43	0.26	0.44	2.52	1.53	2.57
豌　豆	81.5	0.51	0.15	0.52	—	—	—

(四)堆　肥

利用秸秆、杂草、绿肥、泥炭、垃圾和人畜粪尿等其他废弃物为原料混合后，按一定方式进行堆制或沤制的肥料。北方地区以堆肥为主，堆积过程中主要是好气微生物分解，发酵温度较高；南方地区则以沤肥为主，其沤制过程主要是嫌气微生物分解，常温下发酵。是一种完全的有机肥料，养分丰富，肥效缓慢，pH 值为中性，可以改良土壤的物理性质。

堆肥可分为普通堆肥和高温堆肥 2 种。普通堆肥一般含有机质 15%～25%、水分 60%～65%、氮 0.4%～0.5%、磷 0.18%～0.26%、钾 0.45%～0.67%，碳氮比(C/N)为 16～20∶1。高温堆肥的有机质和氮、磷、钾养分比普通堆肥高，碳氮比则比普通堆肥窄。腐熟的堆肥颜色为黑褐色，汁液为棕色，有臭味，堆肥的性质与厩肥相似，其肥效与厩肥相当，故有“人工厩肥”之称(表 4-4)。

表 4-4　几种堆肥的养分含量

	鲜玉米秸堆肥	鲜麦秸堆肥	鲜水稻秸堆肥	鲜野生植物堆肥
全氮(%)	0.48	0.18	0.46	0.63
全磷(%)	0.10	0.04	0.08	0.14
全钾(%)	0.28	0.16	0.43	0.45
粗有机物(%)	25.32	10.85	16.38	16.55
钙(%)	0.65	0.37	0.50	2.51
镁(%)	0.18	0.06	0.10	0.26
铜(毫克/千克)	11.88	3.37	3.42	26.51
锌(毫克/千克)	13.66	39.59	24.39	24.39
铁(毫克/千克)	1730.64	3514.14	2634.42	16667.86
锰(毫克/千克)	25.45	243.67	440.13	655.22
硼(毫克/千克)	2.40	5.20	12.44	13.22
钼(毫克/千克)	0.06	5.20	0.30	0.34

堆肥的整个腐解过程是一系列微生物活动的复杂过程，包含着堆肥材料矿质化和腐殖化的过程。高温堆肥的堆制过程中一般经过发热、高温、降温、腐熟保肥 4 个阶段。

制作方法为，准备充足的青草和畜、禽粪，分量各半。分层堆放于准备好的土坑或粪坑中，先放入一层青草，撒上少量(约 1%)的生石灰，再放一层粪料，依此装料入坑，最后加水使料完全浸于水中即可，最后用稀泥密封坑口。经半个月即可使用(图 4-1)。在地面上铺一层约为 15 厘米厚的“绿色肥料”。“绿色肥料”指落叶、枯草、果皮、菜叶、庄稼残梗之类的肥料。然后在上面铺一层约为 5 厘米厚的“棕色肥料”。“棕色肥料”指畜粪、禽粪、棉籽、豆子等含氮量很高的肥料。再在上面撒一层薄薄的腐殖土、草木灰。草木灰也可用石灰石粉或苦土石灰代替。这就堆好了第一层。接着开始堆第二层，方法与第一层一样。这样一层一层地堆上去，堆到大约 1.5 米高为止。然后在上面盖上一层厚厚的草或土，以减少水分蒸发。

图 4-1　堆肥制作方法

注意堆肥的时候不要把材料踏实，要保持疏松透气。另外，堆的时候最好插几根粗木棍在肥堆中，堆完后拔出作气洞，这样会更透气些。

(五)饼　肥

它是油料植物种子榨油后的残渣，有豆饼、花生饼、菜籽饼等。这种肥料含有机质 75%～86%、氮 2%～7%、磷 1%～3%、钾 1%～2%。养分丰富完全，一般需粉碎泡制发酵后方可使用(表 4-5)。饼肥可作基肥和种肥，施用前必须把饼肥打碎。如用作追肥，要经过发酵腐熟，否则施入土中继续发酵产生高热，易使作物根部烧伤。发酵的饼肥水对

水后也可作追肥。油料作物子实榨油后剩下的残渣，含氮、磷较多，是优质氮、磷有机肥。饼肥的种类很多，其中主要的有豆饼、菜籽饼、麻籽饼、棉籽饼、花生饼、桐籽饼、茶籽饼等。饼肥的养分含量，因原料的不同，榨油的方法不同，各种养分的含量也不同。大豆饼、花生饼、芝麻饼等含有较多的蛋白质及一部分脂肪，营养价值较高，是牲畜的精饲料，应先用来喂猪，再以猪粪尿肥田，比饼肥直接施用经济效益更大。

表 4-5　几种饼肥的养分含量

	大豆饼	花生饼	菜籽饼	芝麻饼	向日葵籽饼	棉籽饼
全氮(%)	6.68	6.92	5.25	5.08	4.76	4.29
全磷(%)	0.44	0.55	0.80	0.73	0.48	0.54
全钾(%)	1.19	0.96	1.04	0.56	1.32	0.76
粗有机物(%)	67.7	73.4	73.8	87.1	92.4	83.6
铜(毫克/千克)	16.0	14.9	8.39	26.5	25.5	14.6
锌(毫克/千克)	84.9	64.3	86.7	130.0	145.0	65.6
铁(毫克/千克)	400.0	392.0	621.0	822.0	892.0	229.0
锰(毫克/千克)	73.7	39.5	72.5	58.0	113.0	29.8
硼(毫克/千克)	28.0	25.4	14.6	14.1	—	9.8
钼(毫克/千克)	0.68	0.68	0.65	0.07	—	0.38

(六)家禽粪和蚕粪

家禽粪是指鸡、鸭、鹅、鸽粪等的总称。家禽粪的性质和养分含量与家畜粪尿有所不同，家禽粪中氮、磷、钾的含量比各种家畜粪尿都高。因家禽饮水少，各种养分的浓度也较高。其中以鸡、鸽粪养分含量最高，而鹅、鸭粪的含量较低(表 4-6)。禽粪是容易腐熟的有机肥料，一般多作基肥施用。氮素以尿酸盐形态为主，尿酸盐不能直接被作物吸收利用，因此应先堆腐后施用。腐熟良好的是一种细肥，也可作追肥施用。蚕粪亦称蚕沙，是由蚕粪、幼蚕蜕的皮和残余桑叶的碎屑组成的混合物。蚕粪是一种肥效较高的肥料，一般含有机质 78%～88%、氮 2.2%～3.5%、磷 0.5%～0.75%、钾 2.4%～3.4%，施用方法与家禽粪相同。

表 4-6　新鲜禽粪中的养分平均含量　(%)

项　目	水　分	有机质	氮	五氧化二磷	氧化钾
鸡　粪	50.5	25.5	1.63	1.54	0.85
鸭　粪	56.6	26.2	1.10	1.40	0.62
鹅　粪	77.1	23.4	0.55	0.50	0.95
鸽　粪	51.0	30.8	1.76	1.78	1.00

据国外经验，葡萄基肥中氮钾比以 2∶1 为宜，所以用鸡粪作基肥最为理想，鸡粪中氮钾比接近 2∶1，而且鸡粪中的速效氮当年吸收后可减轻叶片老化，增加贮藏养分，迟效性氮又可供翌年根系吸收。

(七)其他有机肥

1. 草木灰　草木灰是植物燃烧后的残灰，因有机物和氮素大多被烧掉，因此草木灰中主要含有磷、钾、镁、钙、铁、锌、锰等元素，其中含钙、钾较多，磷次之。因此，草木灰的

作用不仅是钾素，而且还有磷、钙、镁等微量元素的作用。草木灰可作基肥、追肥，因其为碱性肥料，不能与铵态氮肥、腐熟的有机肥料混合施用，以免造成氨的挥发损失。

2. 腐殖酸类肥料　以泥炭、褐炭风化煤等为原料，与适量的速效氮肥、磷钾肥制成的，既含有丰富的有机质，又含有速效养分，兼有速效和缓效的特点。一般与蛭石、珍珠岩混合制成人工介质，在上盆或移栽时施用（表 4-7）。

表 4-7　一些有机肥三要素含量比较表

肥料名称	养分含量（%）		
	氮	磷	钾
人粪尿	0.40	0.17	0.16
羊　粪	0.83	0.23	0.67
马　粪	0.58	0.28	0.53
牛　粪	0.34	0.16	0.40
猪　粪	0.45	0.19	0.60
鸡　粪	1.63	1.54	0.85
鸭　粪	1.00	1.40	0.62
猪圈粪	0.47	0.29	0.64
土粪（厩肥）	0.23	0.07	0.16
堆　肥	0.4～0.5	0.18～0.26	0.45～0.70
高温堆肥	0.45～0.5	0.18～26	0.45～0.70
棉籽饼	5.23	2.50	1.77
豆　饼	7.0	1.3	2.1
菜籽饼	4.6	2.48	1.4
花生饼	6.4	1.2	1.3

续表 4-7

肥料名称	养分含量(%)		
	氮	磷	钾
蓖麻籽饼	5.0	2.6	1.9
葵花籽饼	5.1	2.7	—
垃　圾	0.20	0.23	0.48
骨　粉	4.05	22.8	—
草　灰	—	1.6	4.6
木　灰	—	2.5	7.8
玉米秆	0.5	0.4	1.6
蚕豆秆	1.6	1.3	0.4

注:有机肥料因地区和饲草饲料不同,所含三要素有所差异。

(八)有机肥的腐熟

农作物的根系是吸收养分的重要器官。根系可以吸收气态、离子态和分子态的养分。离子态养分是植物吸收的主要形态。新鲜的有机肥施入土壤后,所含的有机态养分不能立即被吸收利用,并且未经腐熟的有机肥中,携带有大量的致病微生物和寄生性虫卵,施入土壤后,一部分附着在作物上造成直接污染,另一部分进入土壤造成间接污染。另外,未经腐熟的有机肥施入土壤后,由于未腐熟的有机肥含有病菌、虫卵和杂草种子,且在腐熟过程中产生高温和有机酸,严重危害作物的正常生长(图 4-2)。所以,有机肥必须经过完全腐熟后才能施用。

腐熟有机肥标准是:颜色为褐色或灰褐色,发酵物温

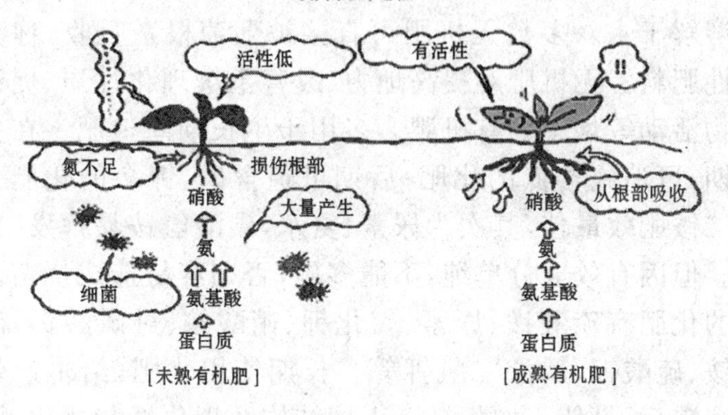

图 4-2 有机肥的腐熟

度降至 35℃以下,无臭味,有淡淡的氨味。

目前,较好有机肥的腐熟方法是高温堆肥。高温堆肥以有机肥料、作物秸秆为主要原料,堆内最好不要掺土。发酵产生的高温能杀死病菌、虫卵和杂草种子,肥料腐熟较快。

二、化 肥

化肥又称无机肥料。常用的化肥可以分为氮肥、磷肥、钾肥、复合肥、微量肥料等。无机肥料所含的氮、磷、钾等营养元素都以无机化合物的状态存在,大多数要经过化学工业生产,因而可称为化学肥料或商品肥料。其特点是:养分单一,含量高,肥效快,体积小,便于运输,而且清洁卫生,使用方便,不含有机物。长期单一施用,会使土壤板结,最

好配合施用有机肥。无机肥所含营养元素单纯，且含量高，易溶解于水。多数无机肥可直接被葡萄根系吸收，称为速效性肥料。无机肥对提高地力、改善土壤理化性质、促进微生物活动等均不如有机肥。多用于生长期间追肥。在生长前期，可追施含氮的化肥；后期可追含磷、钾多的化肥。磷酸二铵肥效最佳，其次为尿素、氨水，碳酸氢铵易挥发，效果差。但因有效成分单纯，不能多施，否则容易造成烧苗。常用的化肥有硫酸铵、尿素、氯化钾、硝酸铵、过磷酸钙、碳酸氢铵、硫酸钾、磷酸二氢钾等。长期使用化肥，给生产带来很多弊病，易使土壤板结。土壤结构及理化性状恶化，影响土壤的水、肥、气、热不协调。施用不当，易导致缺素症的发生，也易产生肥害，或被土壤固定，或发生流失，造成很大浪费。所以，要求葡萄园的施肥制度以有机肥为主，化肥为辅；化肥与有机肥相结合；土壤施肥与叶面喷肥相结合等，尽量减少单施化肥给土壤带来的破坏性效应。

(一)氮　肥

1. 氮肥的种类和性质　氮肥可分为铵态氮肥、硝态氮肥和酰胺态氮肥三大类，铵态氮肥有碳酸氢铵、硫酸铵、氯化铵等。它们的共同特点是易溶于水，为速效性肥料；氮素呈铵离子态，易被作物吸收，也能被土壤胶粒所吸附，不易流失；与碱性物质作用易引起氨的挥发。硝态氮肥有硝酸铵、硝酸钠等，它们的共同特点是易溶于水，并有很强的吸湿性，也是速效性肥料。酰胺态氮肥如尿素等，它的特点是氮素呈氨基态存在，在土壤中一般需经转化，作物才能大量

吸收，转化前其肥效没有铵态氮肥和硝态氮肥快。常见的氮肥有尿素、碳酸氢铵、硫酸铵、硝酸铵、硝酸钙等。

(1)尿　素

①成分和性质　尿素又叫碳酰二胺，分子式为$CO(NH_2)_2$，含氮42%～46%，是白色半透明球状小颗粒，是固态肥料含氮最高的优质肥料，是碳酸氢铵的2.6倍、硝酸铵的1.6倍。易溶于水，水溶液呈中性反应，高温潮湿的环境下易潮解。在固体氮肥中含氮量最高，是一种化学中性和生理中性肥料。

②施用方法　尿素适用于任何土壤，可用作基肥，最适宜作根外追肥，不提倡作种肥。尿素本身是一种稳定的化合物，作追肥施入土壤后，一小部分以分子态吸收，大部分经脲酶作用转化为碳酸铵被吸收。因此，尿素的肥效一般比其他氮肥晚3～5天，而且肥效期稍长。所以，尿素要在作物需肥前4～8天施用。一般用0.5%～1%水溶液施入土中，或用0.1%～0.3%水溶液进行根外追施，时间最好在傍晚进行，以免烧伤叶片。无论作基肥、追肥，都应注意深施盖土，尤其是石灰性和碱性土壤施用时要注意防止氨的挥发。

(2)碳酸氢铵　碳酸氢铵简称碳铵，分子式为NH_4HCO_3，含氮17%左右，为白色粉末，易溶于水，是速效性氮肥。水溶液呈碱性，是化学碱性肥料。

碳酸氢铵施入土壤后分解迅速，生成铵和二氧化碳，很快被作物吸收，土壤中不留任何杂质，不会破坏土壤的性

质，是生理中性肥料。其主要缺点是易吸湿潮解，化学性质不稳定，在较高的温度和湿度下，易分解造成氮素的损失，被称为“气肥”。可作基肥、追肥，不宜作种肥。施肥时一不离土，二不离水。

(3)硫酸铵　硫酸铵简称硫铵，俗称肥田粉，分子式为$(NH_4)_2SO_4$，是白色粉末状结晶或砂糖样颗粒结晶，一般称为标准氮肥，含氮20%～21%，易溶于水，不易吸湿，容易贮存，施用方便。肥料水溶液呈弱酸性反应。物理性质好(不吸湿、不结块)，属于生理酸性肥料，长期单独施用会使土壤酸化。在石灰性和中性土壤中，长期施用硫酸铵会使土壤板结。适宜作基肥、追肥和种肥。一般硫酸铵作追肥用1%～2%水溶液施入土中，或用0.3%～0.5%水溶液喷于叶面。

硫酸铵与碱性物质混合或施用在石灰性土壤和微碱性土壤中，都会引起氨的挥发损失，贮存和施用时应充分注意。

(4)氯化铵　氯化铵简称氯铵，分子式为NH_4Cl，含氮24%～25%，是制碱工业的副产品，氯化铵为白色或淡黄色结晶。易溶于水，不易结块，物理性状较好，便于贮存。肥料水溶液呈弱酸性反应；物理性状较好，吸湿性略大于硫酸铵，属于生理酸性肥料。适宜作基肥、追肥，不宜作种肥。

其对土壤酸度的影响比硫铵大。因此，在酸性土壤上如果长期施用氯化铵，应结合施用石灰和有机肥料。与硫酸铵相似，氯化铵与碱性物质混合或施在石灰性土壤和微

碱性土壤中，都会引起氨的挥发损失，所以贮存和施肥时应充分注意。

氯化铵适宜在水田和水浇地施用，在没有灌溉条件的旱地以及排水不良的低洼地、盐碱地最好不用氯化铵，而选用其他氮肥品种。

(5)硝酸铵　分子式为 NH_4NO_3，含氮 33%～34%，白色或淡黄色晶体。吸湿性强，易溶于水。中性反应，肥效快，易被植物吸收利用。肥料水溶液呈弱酸性反应。施入土壤后，NH_4^+ 和 NO_3^- 都能被作物吸收。适宜作追肥，不宜作基肥和种肥。适宜各种土壤。施用时不宜与有机肥混合施用，易造成嫌气条件，发生硝化作用；不宜水田施用，避免硝态氮的淋失和反硝化损失氮。

硝酸铵具有较强的吸湿性，保存时易结块，若空气湿度大或贮存时间过久，可潮解成糊状，同时硝酸铵具有爆炸性和助燃性，在高温或猛击条件下易分解引起爆炸。所以，在结块粉碎时要特别注意不可猛击，可用木棒轻轻敲碎，与有机物混在一起，遇火容易燃烧。为了防止硝酸铵发生燃烧和爆炸，要注意放在干燥阴凉的地方贮存，不要与能够燃烧的有机物，如棉花、木材、干草、煤屑、树叶等混在一起。另外，硝酸铵对人、畜有一定毒性，不要贮存在宿舍和牲口棚里。

多数研究认为，葡萄为忌氯作物，也就是说，氯离子对葡萄有不良影响，如可使葡萄浆果含糖量降低等，但也有的研究结果表明，氯离子对葡萄无不良影响，因此如有其他氮肥，可不施氯化铵，如施也应少施，或与其他氮肥混合施用或交替施用。硫酸铵含氮20%～21%，肥效快，可作前期追肥。尿素含氮46%～47%，中性肥，溶解度高，易被吸收，但过量时易发生烧根。硝酸铵含氮32%～34%，易流失，宜多次少量施入。过磷酸钙宜采用穴施、沟施、深施至根部附近，根外喷肥可用1%～3%浓度。碳酸氢铵宜深施，防止挥发失效。硫酸钾含氧化钾48%～52%，在葡萄园中可作为基肥或追肥，根外喷肥时可用0.3%～0.5%浓度。

2. 提高氮肥利用率 氮肥的利用率是指氮肥的养分被当季作物吸收的数量占施用氮素总量的百分数。一般来说，肥料的利用率越高，肥料的经济效益也就越高。每年施入土壤中大量的氮肥，并没有充分发挥作用，仅吸收利用了其中的1/3左右，约2/3被损失了，造成了肥料的很大浪费。提高氮肥利用率的措施主要有：一是实施混施、深施，强化水分管理。大量田间试验结果表明，与氮肥表施相比，将氮肥混施于土壤耕层中，或施于土表以下几厘米深处，能减少氮素损失。将氮肥制成几毫米或1厘米左右大小的粒肥进行深施，其效果更佳。然而，在降雨量高、土壤质地轻、可能发生淋溶损失的地区，要慎重采用深施。混施和深施都有减少氨挥发和反硝化损失的作用。适宜的水分管理，也能达到提高氮肥增产的目的。另外，表施氮肥后灌水，让水把肥料带入土层中，这种以水带氮的方法也是减少氮素损失的措施之一。二是选用缓效（长效）肥料。缓效肥料是将粒状氮肥表面包裹一层薄膜，使其可溶性氮逐渐释放出

来，供作物吸收利用，减少氮素损失，但其价格昂贵。三是选择最佳施肥时期。根据葡萄需氮特点选定施肥时期，才能使作物高产。一年中，春夏季的需氮量达52%以上，果实膨大期则需求量下降。因此，氮肥应适时早施，尤其在果实成熟期切勿施用氮肥，以防止贪青迟熟。四是因土壤质地施用。土壤的质地、有机质含量对氮肥施用有影响。一般认为，沙质土有机质矿化快，保肥性差，宜少量多次施用，而黏质土有机质矿化较慢，施入的氮肥易被土壤胶体吸附和微生物所固定，保肥性能强，可少次大量施用。而壤质土供肥保肥性能优良，可根据生长时期决定施肥方法。五是使用脲酶抑制剂。使用脲酶抑制剂是抑制脲酶对尿素的水解，从而使尿素能移动到较深的土层中，从而减少旱地地表层土壤中或稻田水面中铵态及氨态氮总浓度，以减少氨挥发损失。六是使用硝化抑制剂。硝化抑制剂的作用是抑制硝化菌使铵态氮向硝态氮转化，从而减少氮素的损失。

（二）磷　肥

一般按磷肥中磷的有效性或溶解度不同分为水溶性磷肥、弱酸溶（枸溶）性磷肥、难溶性磷肥。

1. 水溶性磷肥　含 $H_2PO_4^-$，溶于水，易吸收，肥效快。但在土壤中易转化为弱酸及难溶酸磷，含量少，酸性肥料。

（1）过磷酸钙　简称普钙、过石，含五氧化二磷12%～18%，并含石膏40%～50%、硫酸铁铝2%～4%。

过磷酸钙一般为稍带酸味的灰白、灰黄色粉末，也有制成颗粒状的。酸性较强，具有腐蚀性和吸湿结块性。水溶液呈酸性反应，潮湿的条件下，易吸湿结块，腐蚀性很强，可作基肥、追肥、种肥及根外追肥。集中条施、穴施，分层施用（2/3 磷肥作基肥深施，1/3 作种肥施于表层），制成颗粒状，与有机肥混用，可提高肥效。

(2)重过磷酸钙　简称重钙、浓缩过磷酸钙，是一种高浓度磷肥，含五氧化二磷 40%～52%，不含石膏。易溶于水，酸性，吸湿性强，易结块，但比过磷酸钙稳定。其他同过磷酸钙。是现有磷肥中含有效成分最高的一种化学磷肥。因为含磷量双倍或三倍于普通过磷酸钙，所以重过磷酸钙又称双料或三料过磷酸钙，简称双料或三料磷肥。它的性质比普钙稳定，易溶、速效，是一种浓缩肥料，也是制造复合肥料的基质肥料。由于不含有铁、铝等杂质，吸湿后不至于有磷肥退化现象。

2. 弱酸溶性磷肥　含 HPO_4^{2-}，不溶于水，但溶于弱酸。碱性肥料，在土壤中移动性差，不流失，肥效较水溶性缓慢但持久。物理性质好，有效性因土壤条件而异，石灰性土壤有效性降低。

(1)沉淀磷肥　含五氧化二磷 30%～42%，可作基肥或种肥，早施，集中施用。可作饲料，含钙添加剂。又称饲钙。

(2)钙镁磷肥　含五氧化二磷 14%～19%、氧化钙 30%、氧化镁 15%，pH 值 8～8.5，是多元肥料，作基肥要早施，施用于缺磷土壤、酸性土壤，与有机肥混合施用，可提高肥效。是绿色或灰棕色粉末，呈碱性，腐蚀性较弱，不易吸湿结块。钙镁磷肥中的磷素不溶于水，但能溶于弱酸，在土

壤酸和作物根系分泌的酸的作用下，能较快地转化为水溶性磷，供作物吸收利用。因此，其肥效比普钙慢而比磷矿粉快。若制成颗粒且越细小，肥效越高。它除供给作物磷素营养外，还能改善作物的钙、镁、硅营养，提高作物的抗病、抗虫和抗倒伏能力。因钙镁磷肥呈碱性，故不能与铵态氮肥混合存放或施用，以免氮素损失。每 667 米^2 用量一般为 25～40 千克。钙镁磷肥与有机肥料混合或堆沤，利用堆沤发酵过程中产生的有机酸促进钙镁磷肥的溶解，可以显著提高肥效，又能减少土壤对磷的固定。

（3）*钢渣磷肥*　含五氧化二磷 7%～17%。物理性质好，但强碱性。宜在酸性土壤上作基肥，与有机肥混合施用，可提高肥效。

3. 难溶性磷肥　强酸溶性磷肥，只有吸磷能力强的作物可用，如绿肥作物。

（1）*磷矿粉*　由磷矿石机械研磨而成，是磷肥原料，也可作磷肥用。与酸性肥料、有机肥混合施用肥效好。磷矿粉与其他肥料混合施用，是提高肥效的好办法。

（2）*骨粉*　动物骨加工而成，含五氧化二磷 22%～33%，骨粉为白色或灰白色粉末，不溶于水，作物不能直接利用，肥效慢，只能作基肥施用，应集中条施或定施。在酸性土壤中骨粉的肥效高于磷矿粉，特别是在缺磷的土壤上施用，效果更为明显。

4. 提高磷肥利用率　磷肥是所有化学肥料中利用率最低的。当季作物一般只能利用有效成分的 10%～20%。其主要原因是由于磷在土壤中易被固定和难于移动。主要原因是磷肥的有效成分(即水溶性磷肥)在土壤中极易转化成难溶状态而被固定,其固定的速度和形态,与土壤酸碱度(即 pH 值)、有机质含量以及磷在土壤中的移动性大小等有关。但是,磷在土壤中被固定而形成难溶性状态后,在适宜条件下(如微生物等作用下),又可以转化成速效磷,表现了磷肥供磷的长效性。如何利用磷肥的这些特点,来提高磷肥利用率,通常采取以下综合措施。

(1)*集中施用*　把磷肥集中施在种子或根部附近,是一种有效的施用方法。这种方法既可减少磷肥与土壤的接触面,降低固定作用,又便于作物根系吸收,一般可提高利用率 28%～39%。

(2)*分层施用*　通过耙磨施入 5～10 厘米土层中,供作物苗期吸收。把其余磷肥结合耕翻条施于 15～20 厘米土层中,供作物中后期吸收利用,也可以提高磷肥的利用率。其中,浅施以速效磷肥为好,深施可用迟效磷肥。施用量,浅层占 30%～40%,深层占 60%～70%。

(3)*与氮肥配合施用*　凡缺磷的土壤一般也都缺氮,氮、磷配合施用,可使磷肥利用率平均达到 23%～28%。

(4)*与有机肥混合堆沤后施用*　据研究,磷肥与有机肥混合堆沤后施用,可使磷肥利用率提高 10%～30%。其中磷矿粉与厩肥混合堆沤 30 天,可使弱酸溶性磷素增加 67.6%。磷肥与有机肥混合堆沤,加入过磷酸钙的比例一般占 2%～3%,钙镁磷肥占 5%左右,磷矿粉占 5%～10%。

(5)叶面喷施　叶面喷施能从根本上防止磷肥被土壤固定,同时也是作物增产的重要措施。其方法是:用过磷酸钙1～3千克,加水100升,浸泡1昼夜后过滤去渣滓,在作物中后期叶面喷洒,一般每隔5～10天喷1次,共喷2～3次,每667米^{2}每次喷洒50～75升。叶面喷施只能作为一种辅助手段,生产上仍应以土壤施肥为主。

(三)钾　肥

1. 硫酸钾(K_2SO_4)　白色或灰白色的结晶。含氧化钾48%～52%。易溶于水,速效,贮存时不易结块,为速效性钾肥,一般作基肥效果好,也可用1%～2%水溶液施于土中作追肥。硫酸钾是化学中性,生理酸性肥料,施入土壤后,会增加土壤的酸性,因此施用硫酸钾的酸性土壤要配合石灰,以降低土壤的酸性。硫酸钾宜在碱性土壤中施用,也可与碱性肥料配合施用,如与难溶性磷肥混合施用,既可降低酸性,又利于难溶性磷的转化,同时为作物提供磷、钾营养。硫酸钾适宜于各种作物,特别适宜于喜钾忌氯作物,葡萄效果特别显著。

2. 氯化钾(KCl)　是白色或棕色的结晶,有吸湿性,受潮易结块,贮存过程中应注意防潮。氯化钾易溶于水,为速效性钾肥。含钾为50%～60%,易溶于水,属生理酸性肥料。可作基肥和追肥,用量为1%～2%。球根和块根作物忌用。氯化钾是一种养分含量高、价格低廉、肥效显著的优质钾肥。它的水溶液为中性,但它是一种生理酸性肥料。氯化钾施后会增加土壤的酸性,酸性土壤长期施用时需配合施用石灰，以防止土壤酸性增加，碱性土壤上施用会增加土壤的盐分，故不宜在盐碱土壤中施用。氯化钾与其他含氯化肥一样，在葡萄上应控制用量，以免对产品质量产生不良影响。

3. 硝酸钾（KNO_3） 为白色结晶，粗制品带黄色。含钾45%～46%、氮12%～15%。易溶于水，吸湿性小。可作基肥和追肥。适用球根等花卉，一般用1%～2%水溶液施于土中，0.3%～0.5%作根外追肥。

4. 窑灰钾肥 是水泥工业的副产品，含有钾、硅、铝、钙等多种元素，含氧化钾8%～12%，其中有将近一半为水溶性钾，一半为弱酸溶性钾，对作物都是有效的。窑灰钾肥为灰色粉末，碱性强（pH值9～11），易吸潮结块，不宜与铵态氮肥或水溶性磷肥混拌，以免引起氨挥发和水溶磷退化，也不宜与种子、幼根接触。施用时可与细土或有机肥混拌堆沤，在酸性土壤上施用较为适宜。

5. 草木灰 因用作燃料的原料不同，含钾量有较大变化，一般含氧化钾5%～8%，其主要成分为碳酸钾，呈碱性反应，并含有2%～3%的五氧化二磷和10%～20%的氧化钙。草木灰因含碳素，色泽深，易吸收太阳热量，适宜用作早春或秋天播种时盖种，也可用作追肥。

6. 提高磷肥利用率 钾是作物生长发育所必需的三大营养元素之一，土壤中常因钾供应不及时和数量不足而影响作物的产量。目前，钾肥已被广大农民认识并普遍施用，但如果施用不当，就不能发挥其应有的效果。要做到合理

施用，充分发挥其肥效，在与氮、磷肥配合施用的前提下，应该掌握好以下几点：一要施于缺钾的土壤上。土壤含钾量和供钾能力决定钾肥的肥效，供钾能力低的土壤容易缺钾，土壤质地粗的沙性土，施用钾肥的效果较好。因此，钾肥应优先施在这种土壤上，以满足葡萄生长对钾的需求，争取获得较好的经济效益。二要根据钾肥的特性合理施用。钾肥在土壤中移动性小，宜作基肥并施于根系密集的土层，对沙质土壤，可以一半作基肥，一半作追肥，要尽早施用，过晚施用肥效较差。三要根据环境条件和施钾水平，氮、磷、钾要配合施用。当葡萄生长遇到恶劣的生长条件如低温、干旱、病虫害严重时，应及时补施钾肥，可以增强作物的抗逆性（表 4-8）。

表 4-8　常用无机肥氮、磷、钾含量　（单位：%）

名　称	氮	五氧化二磷	氧化钾	名　称	氮	五氧化二磷	氧化钾
碳酸氢铵	17.0	—	—	磷酸一铵	11.0	48.0	—
硫酸铵	20.8	—	—	磷酸二铵	16.0	20.0	—
硝酸铵	34.0	—	—	钙镁磷肥	—	16～18	—
氯化铵	25.0	—	—	磷矿粉	—	19.4	—
硝酸钠	15.0	—	—	硝酸钾	13.5	—	46.0
硝酸钙	13.0	—	—	硫酸钾	—	—	48.0
尿　素	46.0	—	—	氯化钾	—	—	50～60
过磷酸钙	—	20.0	—	窑灰钾肥	—	—	10～20
氨　水	17.0	—	—				

(四)微量元素肥料

1. 铁　肥

(1)硫酸亚铁($FeSO_4 \cdot 7H_2O$)　又名绿矾,呈蓝绿色的结晶体,易溶于水,但易氧化,变成铁锈色的硫酸铁其分子式为$Fe_2(SO_4)_3$。施用方法以1～5∶100的比例与有机肥堆制后施入土中,提高铁的有效性和长效性。根外施用时,可用0.1%～0.5%溶液和0.05%的柠檬酸溶液一起喷于黄化了的植株上,也可配成矾肥水。饼肥、硫酸亚铁和水按1∶5∶200配制后发酵,浇灌。

(2)尿素铁　分子式为$[Fe(N_2H_4CO)_6](NO_3)_3$,是一种新的络合型化肥,其含氮量与硝酸铵相当,为34%,含铁量为8.85%,呈蓝绿色晶体,易溶于水,水溶液呈弱酸性,性质稳定,吸湿性较尿素小,其分解和硝化作用周期比尿素长。施入土壤后有利于植物对铁的吸收,肥效优于硫酸亚铁和尿素。

2. 硼肥　主要有硼酸(H_3BO_3),含硼17.5%。硼砂($Na_2B_4O_7 \cdot H_2O$)含硼11.3%,呈白色结晶和粉末,易溶于水。施用方法有撒施和喷施,喷施用0.025%～0.1%硼酸或0.05%～0.2%硼砂溶液。柑橘开花前喷施硼肥,可以提高坐果率。

3. 锰肥　硫酸锰($MnSO_4 \cdot 4H_2O$)含锰24.6%,呈粉红色结晶,易溶于水。硫酸锰溶解度大。根外追肥使用浓度为0.05%～0.1%,一般在开花期和球根形成期喷施效果好。锰肥对石灰性土壤或喜钙植物也有较好的效果。

4. 铜肥　硫酸铜($CuSO_4 \cdot 5H_2O$)含铜25.9%。易溶于水,肥效快。多用作追肥。根外追肥的浓度为0.01%~0.5%。

5. 锌肥　硫酸锌($ZnSO_4$)含锌40.5%。氯化锌($ZnCl_2$)含锌48%。呈白色结晶,易溶于水。根外追肥的浓度以0.05%~0.2%为宜,果树可适当浓些。锌肥在石灰性土壤和多年生果树上施用效果较好。用硫酸锌喷施柑橘,能防缺绿病和加速幼树的生长。

6. 钼肥　钼酸铵($(NH_4)_2MoO_4$)含钼50%,呈青白色结晶或粉末,易溶于水。钼酸铵也可作根外追肥,溶液浓度为0.01%~0.1%。一般在苗期或现蕾时喷施(表4-9)。

表4-9　土壤微量元素有效含量丰缺指标　(毫克/千克)

微量元素	分级				
	极低	低	中	高	很高
锌(Zn)	<0.50	0.5~1.0	1.1~2.0	2.1~4.0	>4.0
硼(B)	<0.25	0.25~0.5	0.51~1.0	1.1~2.0	>2.0
钼(Mo)	<0.1	0.1~0.15	0.16~0.2	0.21~0.3	>0.3
锰(Mn)	<5	5.0~10.1	10.1~20	20.1~30.0	>30.0
铁(Fe)	<2.5	2.5~4.5	4.5~10.0	10.0~20.0	>20.0
铜(Cu)	<0.1	0.1~0.2	0.2~1.0	1.1~2.0	>2.0

(五)复混肥料

复混肥料是复合肥料和混合肥的统称,由化学方法或物理方法加工而成。生产复混肥料可以物化施肥技术,提高肥效，并能减少施肥次数，节省施肥成本。因此，生产和施用复混肥料引起世界各国普遍重视。

复混肥料是指氮、磷、钾3种养分中至少有2种养分的肥料，含2种营养元素的称二元复混肥料，含3种营养元素的称三元复混肥料，复混肥料中营养成分和含量，习惯上按氮—五氧化二磷—氧化钾的顺序，分别用阿拉伯数字表示，“0”表示不含该元素，一般称为肥料规格或肥料配方。如18-46-0表示为含氮18%，含五氧化二磷46%，总养分为64%的氮、磷二元复混肥料。复混肥料中含有中量或微量营养元素时，则在氧化钾后面的位置上表明其含量，并加括号注明元素符号。如18-9-12-4(S)表示为含氮18%，含五氧化二磷9%，含氧化钾12%，含中量营养元素硫的三元复混肥料。商品复混肥料的营养成分和含量在肥料口袋上有明确标记。

根据制造方法分类：一是化成复合肥。化学方法制造出来的某种化合物，养分含量和比例固定，多为二元复合肥。二是配成复合肥。按一定配方将几种单质肥料配成或配入某一单质肥料。部分发生化学反应，养分含量和比例由配方决定，常含副成分。常制成颗粒肥，多为三元复合肥。三是混成复合肥(BB肥)。由几种颗粒大小一致的单质肥料或化成复合肥料，按一定配方经称量配料和简单机械混合而成。要求随混随用，不能长期存放，成本低。

1. 常用复(混)合肥料种类及施用

(1)氮磷复合肥　二元，$N-P_2O_5-0$。

①氨化过磷酸钙　用氨处理过磷酸钙制成的氮少磷多的复合肥。含氮3%,五氧化二磷13%～15%。改造过磷酸钙的物理性状,可作种肥及复合肥生产的原料。

②硝酸磷肥　用硝酸处理磷矿粉再氨化而成。生产工艺多样,氮、磷含量不同,颗粒状,作基肥、追肥。最适合大田。

③磷酸铵　优质高浓度氮磷复合肥,简称磷铵。主要成分是$NH_4H_2PO_4$(一铵)和$(NH_4)_2HPO_4$(二铵)。一是磷酸一铵,又称"安福粉",纯品12-52-0,肥料级10-50-0。易溶于水,化学酸性(pH值4.4),白色结晶颗粒,性质稳定。氮磷比为1∶4或1∶5。作生产肥料的原料。二是磷酸二铵,又称"重福粉",纯品21-54-0,肥料级18-46-0。易溶于水,化学碱性(pH值8),白色结晶,高温、高湿、有氨的挥发。氮磷比为1∶2.5。适于各种土壤和作物。三是磷酸铵,肥料级为一铵和二铵的混合物,且以其中之一为主。如肥料级磷酸一铵中一铵占70%,其余为二铵。肥料级磷酸二铵中二铵占70%,其余为一铵。易溶于水,化学中性(pH值7～7.2),白色结晶,性质稳定。适合各种土壤和作物,宜作种肥、追肥和基肥,缺磷土壤作种肥效果好。不能与草木灰、石灰同时施用。适合作其他复合肥原料。

(2)氮钾复合肥　二元,N-0-K_2O。

①硝酸钾　高浓度复合肥,含氮13.5%、氧化钾45%～46%。化学中性、生理中性,易溶于水,吸湿性小,具有强氧化性,属易燃易爆品,忌与有机质一起存放。不含副成分,适于旱地、忌氯喜钾作物、追肥、浸种和根外追肥。

②氮钾肥　主要成分为 K_2SO_4 和$(NH_4)_2SO_4$，含氮14%、氧化钾11%～16%。易溶于水，适合作基肥、追肥和种肥，特别对追肥、浸种、根外追肥和缺氮、钾的土壤效果好。

(3)磷钾复合肥　二元，0-P_2O_5-K_2O。主要代表为磷酸二氢钾。高浓度复合肥，含五氧化二磷52.2%、氧化钾34.5%。易溶于水，化学酸性，不易吸湿结块。价格高，故常作根外追肥或浸种。

2. 肥料互相混合的原则　各种植物都需要多种养料，而化学肥料大多只含有一种肥料要素。为了满足植物需要，往往需要同时施用几种化学肥料，或化学肥料和有机肥料混合起来施用。但是并非所有的肥料都能混合，凡是符合下述3项原则的，方可互相混合。一是混合后不致发生养分损失。二是混合后改善了肥料不良的物理性状。三是混合后有利于肥效提高。

(六)生物肥料

生物肥料亦称生物肥、菌肥、细菌肥料或接种剂等，但大多数人习惯叫菌肥。确切地说，生物肥料是菌而不是肥，因为它本身并不含有植物生长发育需要的营养元素，而只含有大量的微生物，在土壤中通过微生物的生命活动，改善作物的营养条件。

生物肥料(微生物肥料)的种类较多，按照制品中特定的微生物种类可分为细菌肥料(如根瘤菌肥、固氮菌肥)、放线菌肥料(如抗生菌肥料)、真菌肥料(如菌根真菌)。按其作用机制分为根瘤菌肥料、固氮菌肥料(自生或联合共生

类）、解磷菌类肥料、硅酸盐菌类肥料。按其制品内含分为单一的微生物肥料和复合（或复混）微生物肥料。复合微生物肥料又有菌菌复合，也有菌和各种添加剂复合的。我国目前市场上出现的品种主要有：固氮菌类肥料、根瘤菌类肥料、解磷微生物肥料、硅酸盐细菌肥料、光合细菌肥料、芽孢杆菌制剂、分解作物秸秆制剂、微生物生长调节剂类、复合微生物肥料类、与植物根际促生菌（PGPR）类联合使用的制剂以及丛枝菌根（AM）菌根真菌肥料等。

1. 固氮菌肥料　固氮菌肥料是利用固氮微生物将大气中分子态氮气转化为农作物能利用的氨，进而为其提供合成蛋白质所必需的氮素营养肥料。微生物自生或与植物共生，将大气中的分子态氮气转化为农作物可吸收氨的过程，称为生物固氮。生物固氮是在极其温和的常温、常压条件下进行的生物化学反应，不需要化肥生产中的高温、高压和催化剂。因此，生物固氮是最便宜、最干净、效率最高的施肥过程。固氮菌肥料是最理想的、最有发展前途的肥料。

2. 磷细菌肥料　磷细菌肥料是能强烈分解有机或无机磷化物的微生物制品，其中含有能转化土壤中难溶性磷酸盐的磷细菌。磷细菌有 2 种：一种是有机磷细菌，在相应酶的参与下，能使土壤中的有机磷分解，转变为作物可利用的形态；另一种是无机磷细菌，它能利用生命活动产生的二氧化碳及各种有机酸，将土壤中一些难溶性的矿质态磷酸盐溶解成为作物可利用的速效磷。磷细菌在生命活动中除具有分解磷的作用外，还能促进固氮菌和硝化细菌的活动，分泌异生长素、类赤霉素、维生素等刺激性物质，刺激种子发芽和作物生长。

磷细菌肥料不能直接与碱性、酸性或生理酸性肥料及农药混合施用，且在保存或使用过程中要避免日晒，以保证活菌数量。磷细菌属好气性细菌，通气良好、水分适当、温度适宜(25℃～35℃)、pH 值 6～8 时生长最好，有利于提高磷的有效性。

3. 硅酸盐细菌肥料　硅酸盐细菌肥料通常称为生物钾肥，又称钾细菌。硅酸盐细菌能分解正长石、云母等矿物，破坏含钾矿物的晶格结构，释放出有效性钾，还能提高磷灰石粉的水溶性磷含量，改善植物钾、磷等营养水平，一般每667 米^2 施 1 千克生物钾肥与每 667 米^2 施 7.5 千克氯化钾的增产效果相当，一般增产 10%左右。生物钾肥产品分液体生物钾肥和草炭生物钾肥 2 种，液体生物钾肥外观为浅褐色，浑浊，无异臭，微酸味，每毫升含活菌大于 10 亿个，杂菌数小于 5%，pH 值 5.5～7。草炭生物钾肥为黑褐色或褐色粉状固体，湿润松散，无异味，含水量 20%～35%，每克含活菌大于 2 亿个，杂菌小于 15%，pH 值 6～7.5。

在葡萄种植中应用生物肥，葡萄植株在大量活化的有益微生物作用下，能扩大根系的吸收面积，增强叶片光合作用；不仅可以减少肥料的使用量，降低成本，提高产量，而且能改善葡萄品质，提高糖度，有利于生产优质葡萄并提早上市。

(七)二氧化碳气肥

二氧化碳是葡萄光合作用时必需的主要物质，葡萄光

合作用的二氧化碳饱和点一般都在1000毫克/千克以上，但自然界空气的二氧化碳浓度一般在330毫克/千克左右。而设施栽培通过通风换气也只能使室内二氧化碳浓度维持在200毫克/千克左右，最高不超过330毫克/千克。因此，葡萄植株处于二氧化碳饥饿状态，严重制约着葡萄的光合作用，进而严重制约葡萄产量的增加和品质的提高。因此，设施栽培人工增施二氧化碳气肥是提高葡萄产量及品质的主要措施。通过人工增施二氧化碳气肥，葡萄叶片增厚、叶绿素含量增加、功能期延长，所以叶片光合作用增强，果穗、果粒增大，产量增加，一般可增产20%左右。人工增施二氧化碳气肥后，葡萄可溶性固形物含量可增加1%～2%，大大提高葡萄品质，而且葡萄的抗逆性也大大提高。

1. 人工增施二氧化碳气肥的方法

(1)*二氧化碳发生器法*　即通过化学反应产生二氧化碳气体来提高空气中二氧化碳气体浓度，达到施肥增产目的，并提高葡萄品质。二氧化碳发生器由贮酸罐、反应筒、二氧化碳净化吸收筒、导气管等部分组成，化学反应物质为强酸(稀硫酸、盐酸)与碳酸盐(碳酸铵、碳酸氢铵等)作用产生二氧化碳气体。现在设施栽培中一般使用稀硫酸与碳酸氢铵反应，最终产物二氧化碳气体直接用于设施栽培，同时产生的硫酸铵又可作为化肥使用，优点是二氧化碳发生迅速、产气量大、简便易行、价格适中、效果好。

(2)*二氧化碳简易装置法*　即在温室内每隔7～8米吊置一个塑料盆或桶，高度一般为1.5米左右，倒入适量的稀硫酸，随时加入碳酸氢铵，即刻产生二氧化碳气体。

(3)施肥法　即直接施用液体二氧化碳或二氧化碳颗粒气肥等。

2. 二氧化碳施用时期　一般在开花前后开始施用，幼果膨大期及浆果着色成熟期尤其重要，此期施用特别有利于浆果膨大和提高品质。二氧化碳气肥一般在揭苫后半小时左右开始施用。4 月上中旬以后，夜间不覆盖草苫时，一般在日出后 1 小时以后，设施内温度达到 20℃以上时开始施用，开始通风前半小时停止施用。二氧化碳气肥施用浓度应根据天气情况进行调整，晴天设施内温度较高时，二氧化碳气肥浓度要高些，一般为 800～1 200 毫克/千克。阴天要低些，一般在 600 毫克/千克左右即可。如果阴天设施内温度较低时，一般不施用，以免发生二氧化碳气体中毒。

3. 注意事项　一是使用二氧化碳发生器及简易装置时，应注意稀释浓硫酸时要将浓硫酸缓慢注入水中，千万不要把水倒入浓硫酸中，以免发生剧烈反应造成硫酸飞溅伤人。二是施用二氧化碳气肥不能突然中断。在果实采收期来临前应提前几天逐日降低施用浓度，直到停止施用，防止造成植株早衰。三是施用二氧化碳气肥要与其他管理措施相结合。施用二氧化碳气肥同时要增施磷、钾肥，适当提高设施内的空气湿度及土壤湿度。在温度管理上，注意白天室内温度要比不施用二氧化碳气肥的高 2℃～3℃，夜间低 1℃～2℃，以防止植株徒长。

第五章　葡萄的施肥原理和方法

葡萄生长发育需要氮、磷、钾、钙、镁、硫、铁、锌等多种营养元素，尤其是以氮、磷、钾吸收量最多。葡萄施肥有3种方法，即基施、追施和叶面施，只有掌握了葡萄需肥规律，进行科学施肥，才能确保优质、高产。

一、合理施肥的原理

第一，矿质营养理论。植物生长除需要光照、水分、温度和空气等环境条件外，还需要氮、磷、钾、钙、镁、硫、铁、锰、铜、锌、硼、钼、氯等必需营养元素。每种必需元素均有其特定的生理功能，相互之间同等重要，不可替代。有益元素也能促进植物生长发育。

第二，养分归还学说。植物收获从土壤中带走大量养分，使土壤中的养分越来越少，地力逐渐下降。为了维持地力和提高产量应将植物带走的养分适当归还土壤。该学说在19世纪由德国杰出的化学家李比希提出。他认为“由于人类在土地上种植作物并把这些产物拿走，这就必然会使地力（土壤肥力）逐渐下降，从而土壤所含的养分将会愈来愈少。因此，要恢复地力就必须归还从土壤中拿走的全部东西，不然就难以指望再获得过去那样高的产量，为了增加产量就应该向土壤施加灰分。”这里所说的“灰分”即肥料，

该论断的核心是从物质循环的角度出发，通过人为的施肥活动，使土壤系统中养分的损耗与补偿保持平衡。

第三，最小养分律。植物对必需营养元素的需要量有多有少，决定产量的是土壤中相对植物需要含量最少的有效养分。只有针对性地补充最小养分才能获得高产。最小养分随作物产量和施肥水平等条件的改变而变化。其表述是："植物为了生长发育需要吸收各种养分，但决定植物产量的，却是土壤中那个相对含量最小的有效植物生长因素，产量也在一定限度内随着这个因素的增减而相对变化。因而无视这个限制因素的存在，即使继续增加其他营养成分也难以再提高植物的产量。"这一规律说明了养分的同等重要性和不可代替性。最小养分律可用装水木桶来形象地解释。以木板表示作物生长所需要的多种养分，木板的长短表示某种养分的相对供应量，最大盛水量表示产量，很显然，盛水量决定于最短木板的高度。要增加盛水量，就必须首先增加最短木板的高度。

显然，最小养分不是固定不变的，一种最小养分克服了，另一种养分又会发展成新的最小养分。提高产量的过程实际上是不断克服多种最小养分的过程。

第四，报酬递减律。在其他技术条件相对稳定的条件下，在一定施肥量范围内，植物产量随着施肥量的逐渐增加而增加，但单位施肥量的增产量却呈递减趋势。施肥量超过一定限度后将不再增产，甚至造成减产。

按照报酬递减这一施肥原理，说明不是施肥越多越增

产。运用这一原理，在施肥实践中应注意投入（施肥）与报酬（增产）的关系，找出经济效益高的最佳方案，避免盲目施肥。

在一定生产条件下，随着施肥量的增加，单位肥料所产生的效益逐渐减少，要想获得肥料投资的最大效益，有限的肥料应分散施用到较大面积的耕地上。

第五，因子综合作用律。植物生长受水分、养分、光照、温度、空气、品种以及耕作条件等多种因子制约。施肥仅是植物增产的措施之一，补充养分应与其他增产措施结合才能取得更好的效果。

作物生长发育受包括施肥在内许多因子的影响，而这些因子之间又相互影响，产量是这些因素综合作用的结果。必须使所有条件足以保证作物正常生长时，合理施肥才能获得最大的效益。

二、葡萄吸收养分的主要途径

葡萄养分的供给方法有很多，从葡萄本身吸收和利用养分的途径来看，吸收总量与种类最多的途径仍是以根系吸收为主，有时为减轻土壤中某元素的持续污染或固定程度，如施氮肥引起的硝酸和亚硝酸盐污染、施用的铁元素被碱性土壤固定等，采取叶面追施、木质部导入、枝条表皮涂抹及其他途径供肥。

（一）根系吸收

土壤中存在的大部分无机养分，如氮、磷、钾、钙、镁、铁、锌、铜等，都可由根系吸收。葡萄生长发育所需的大部分种类与数量的养分都由根系从土壤中吸收。根系从土壤中吸收的养分，一部分满足根系自身生长所需，绝大部分随水分向地上部分转移，通过各输导组织的木质部导管输送到枝、叶、花、果实中去。各器官因所处生长发育的阶段不同，要求根系吸收养分的种类和数量也不尽相同。根系依据各器官不同阶段的需求，选择性吸收不同种类和数量的养分供给这些器官，但这种选择不是绝对意义上的选择，主要由地上部分器官质的差别而引起。土壤中各种养分比例平衡时，根系可良好地完成吸收任务，一旦某些元素缺乏或过剩，根系就无法从量的意义上加以选择。

(二)叶面吸收

叶片虽然是进行光合作用、制造有机养分的重要器官，但它的叶面气孔和角质层也有较强吸收养分的功能。从叶片表面结构来看，叶片正面和背面均有气孔和角质层结构，但叶背面有较多的气孔，而且表皮层下面具有较疏松的海绵组织，细胞之间的间距较大，有利于养分和代谢物进出。因此，叶背面较其正面有更强的吸收功能。从叶片叶龄角度分析，低龄幼叶的生理代谢功能旺盛，气孔所占比例较大，细胞间隙相对较大，因而易于养分进入。而老叶片中部分表皮及输导组织枯死，角质层较厚且木栓化严重，代谢功能退化等衰老因素，导致多数养分不能大量有效地吸收和转移。从叶片生长的各个阶段分析，均可进行叶面追肥，但以叶片迅速生长至开始衰老前的时间区间内吸收功能最

强。过分幼嫩的叶片，由于叶面积较小且表面不舒展，因而吸收养分的绝对数量少。过分衰老的叶片中，由于内部输导组织局部功能丧失及代谢功能低下，也影响养分绝对数量的吸收和转移。

(三)其他表皮组织吸收

新梢、果皮、不带粗皮与死皮的低龄骨干枝、刮去粗皮及死树皮的枝干及其他绿色组织的表皮，因也有着与叶片相似的皮孔组织及细胞间隙，对各种营养物质同样有较强的吸收能力。从吸收强度和养分运转速度方面比较，低龄组织的表皮吸收功能要强于老龄者；生长季节的吸收及转移速度要大于非生长季节。目前，这种养分吸收方式的应用范围日益广泛。例如，早春和生长季枝干喷施(或涂抹)锌，另有一些元素如钙、硒、镁等也可试用此法。其中茎干涂抹一般持效时间较长，可减少叶面喷施的次数，对于一些施入土壤易被固定的元素可优先考虑此类方法。

(四)"手术"型营养吸收

除了树体表皮组织之外，深层的输导组织(木质部的导管及韧皮部筛管等)也可直接吸收营养元素，并通过其输导作用分配到需肥的器官。所谓"手术"是指在枝干某部位打孔、骨干根部切断根、韧皮部划伤等。手术的主要目的是打通养分与输导组织的关联通道，直接将养分送入该组织。生产上应用较普遍的仍以防治缺铁症及缺锌症居多。目前已有一些成品药肥注射机面市，主要用于给木质部强力注射。此外，断根后配以营养药瓶，以营养液的方式补给根部导管组织及输液瓶配合输液针，在韧皮部注入营养液也有一些应用。“手术”供肥方法具有肥效发挥快、补给量充足、持效期长、症状消失快等特点，但要做好伤口的愈伤处理和保护措施，以防病菌感染损伤有关枝干和根系。

三、葡萄根系分布特点与施肥

葡萄根系的伸展方向及范围与多种因素有关，研究和了解根系的分布状态，对正确指导施肥有着密切的关系。

(一)根系分布方向、级次与施肥的关系

根的生长基本沿着两个方向进行：一是水平横向生长；二是向下纵向生长。根的纵向分布深度大于地上树高，横向分布要大于冠幅的一至数倍。根系横向水平分布的范围大小与树上树冠的冠幅之比，称为根冠比，一般用根冠比来衡量根系的发达程度。在施用方法上，根冠比越大，施肥的范围也应该随之增大。从根的级次分布看，离树干距离较近的是最粗的各大骨干根，这些根由于主要起输导而不是吸收养分的作用。而离树干距离较远的土壤内，分布的多是过渡根及吸收养分的吸收根。一般情况下，正常栽培管理的果园，吸收根多集中在树冠外缘的垂直下方，或里面或外面不远处。以其下方外缘之处分布者居多，施肥或进行根系更新时，应充分注意根系分布的特点，结合树龄、树势具体分析，采取具体措施。

(二)根系生长的趋向性与施肥

根系生长的方向与肥水存在的方位有关,它朝着肥水所在方向生长。根系的纵向生长以趋水方向生长,以吸收更多的水分;水平横向生长则以吸收肥料中的养分为主。肥水条件充足的果园,根系分布较为集中,根冠比较小,大部分树种的根系往往只在树冠冠幅之下分布。对幼树而言,其主要任务是扩大枝叶量和冠幅,并随之扩大根系范围。因此,根系深的地方,引导根系向纵、横两方向扩展,迅速扩大根系范围,增加对土壤养分的吸收面积。只有根系强大和吸收功能完备,才能保证树体迅速生长,早期进入结果期,生产出优质合格的果品。

(三)根系的周期分布

与其他生物的生命过程一样,根系的生长也要经历产生、发展与衰亡的过程。新植幼树从根的伤口部位愈伤组织或不定根发生部位生长出新根,再生长为多级次结构的根系,一般需 2～3 年的时间,密植幼树可完成根系范围扩大的任务。中密度及普通稀植栽培的果树,其根系须经 3～5 年的时间,才能达到最大应有的分布范围。这一时期是奠定根系范围的基础时期,而且各种类的根都具有旺盛的吸收与代谢生理功能。进入结果期的果树,通常要采取标准化的肥水管理措施。进入结果后期的根系,表现出种种衰弱迹象。先是从外围较细小的输导根开始衰亡,之后伴随着地上部较大骨干枝皮层组织染病损伤至全部死亡,引发相对应位置较粗骨干根的死亡。

根系在一年之中的生长也有一定周期性，虽然根系无自然休眠现象，但北方冬季过冷的低温及南方夏季高温而导致的土壤温度变化，都将抑制根系的正常生长与生理代谢活动。树体负载量过大和早期落叶引起的树体有机营养匮乏，也可抑制生长量。

葡萄根系发达，根系主要分布在 40～60 厘米土层中，旱地葡萄根系可深达 4.5 米以上。葡萄根系没有明显的休眠期，适宜的条件下一年四季均可生长，在地温 6℃～9℃时开始吸收土壤水分和营养物质，12℃～13℃时开始发新根，新根生长的适宜温度为 21℃～28℃，地温超过 32℃根系生长缓慢。葡萄的根系一年中有两次生长高峰，第一次在春夏季(5～6 月份)，第二次在秋季(9～10 月份)。

了解根系上述特性，对指导施肥具有重要的意义。在根系更新过程中，除了做好地上枝叶保护、加强叶面营养、适当控制树体负载等措施之外，还要注意根系更新的频率及范围、施肥的方位及时期、施肥的种类及数量等方面的方式与方法。断大骨干枝的频率不应过繁，单次根系更新的范围应在某个方位，而不应在整个根系中进行，以防伤根过多而影响对地上部养分与水分的供应，实行隔年有计划地更新。

四、影响葡萄吸收养分的因素

(一)温　度

根系从地温12℃左右开始生长并吸收养分，随着地温的上升，根的伸长和养分吸收急剧增加，但其速率随着品种(系)、砧木、养分的种类不同而有较大的差异。即使是同样的氮素养分，铵态氮的吸收不易受温度的影响，而硝态氮则在较高温度时才容易吸收。

(二)树龄差异

树龄不同，对肥料的种类、需求量也不相同，在配方施肥时应区别对待。幼龄树主要发展树冠和根系，需肥量不大，但对肥料很敏感，可逐年增加用量，肥料种类上应保证磷肥供应充足。幼龄树实行间作更应注意施肥均衡，不能影响果树的生长。结果初期逐步增施磷、钾肥，盛果期要加强氮、磷、钾肥的合理配合，并加大施肥量，以达到稳产、高产的目的。老年期树体开始衰弱，要多施氮肥，促进生长，延长结果期。

(三)树势差异

由于栽培技术、病虫害等原因，同等肥力条件果园的果树树势有时差异较大，树势不同，对肥料的反应也会不同，施肥时应对树势加以考虑。同样的配方，稳健的树势会提高产量。旺长树则可能会使营养生长更加旺盛，白白浪费肥料。衰弱树可能会产生肥害，危害树体的正常生长。

（四）土壤条件

1. 土壤质地 配方施肥中，应针对不同的土壤质地，采取相应的施肥措施，才能达到增产的效果。沙质土颗粒粗，空隙大，通气透水性好，但保水保肥性差，易造成水肥流失，施肥应采用少量多次的方法。黏质土与之相反，保水保肥性强，有机质分解慢，可以适当增大施肥量，减少施肥次数，并应提早施肥。壤土的质地介于沙质土与黏质土之间，有机质分解快，保肥、供肥性能好，水、肥、气、热协调好，最适合生长，也是配方施肥最易实施、效果最显著的土壤类型。

2. 土壤通气状况 根系具有好气性，根系在呼吸过程中需要较多的氧气。如果通气性差、氧气不足，呼吸作用就会受到抑制，根系吸收养分的速度就会降低。土壤通气性除影响根系吸收养分外，还会影响土壤微生物的活动和土壤中有机质的矿化作用，从而影响养分的释放，使有效养分的含量减少。

3. 土壤 pH 值 土壤的酸碱度是影响果树根系吸收养分的一个重要环境因素。如当土壤 pH 值大于 8、呈碱性反应时，土壤中的铁、锌等微量营养元素的有效性会大大降低，引起缺铁失绿症、缺锌症（小叶病）。

（五）灌溉条件

肥料肥效的利用率，很大程度上决定于灌溉条件。这

是因为肥料一般都是固态的，进入土壤被水溶解后，有效养分在水溶液的状态下才能被根吸收。土壤含水量低于临界值时根系就不能吸收肥料，而且肥料容易挥发。灌溉量大或雨水过大会导致肥料淋失，而干旱施入肥料不仅不能营养树体，反而还会由于土壤浓度增加，致使细胞中水分外渗发生死亡。因此，只有适当的水分条件才能保证肥料有高的利用率。配方施肥时，应针对果园的灌溉条件采取不同的施肥技术，原则上施肥后应立即灌水。另外，盖草、盖膜、生草等技术也都有利于保水保肥，提高肥效。

适量降雨并保持土壤一定的湿度，有利于根系和叶片对养分的吸收，因为养分的吸收需要水分，溶解在水里的养分容易被根系和叶片吸收。但是，降雨也易引起地上部养分的损失。这是由于雨水中的氢离子和重碳酸根离子与叶片的无机养分起转换反应，使叶片中养分遭受溶脱而损失，其他部位的养分也会遭受雨水溶脱而损失。

（六）兼顾产量与品质

配方施肥技术施肥量的确定方法是以如何获得最高产量为目标，很少考虑果实的品质，现在看来是远远不够的，只有生产绿色无公害果品、有机果品，才能在市场中占据优势地位，取得较高的经济效益。施用化肥在增加产量的同时，也带来土壤板结、果实着色差、风味淡、易发生病害、品质下降等问题。为提高品质，增施有机肥，少施甚至不施化肥，成为大家的共识。当然，现阶段完全不施化肥是不实际的，但在配方施肥时，注重增施有机肥，对提高品质是非常

有益的。

总之，葡萄施肥效果受诸多因素的综合作用，在生产中应全面考虑，才能高产、稳产、品质优。

五、葡萄施肥原则

葡萄是果树类需肥量最大的树种之一，要使葡萄优质、高产、稳产，必须科学施肥。

（一）以基肥、根部施肥、有机肥为主

一般基肥应占施肥总量的50%～80%，还应根据土壤自身肥力和施用肥料特性而定。根部追肥具有简单易行而灵活的特点，是生产中广为采用的方法。对于葡萄需要量小、成本较高、又没有再利用能力的微量元素，可以通过叶面喷洒的方法，既可节约成本，效果也比较好。另外，结合喷药，加入一些尿素、磷酸二氢钾，可以提高光合作用，改善果实品质，促进枝蔓成熟，提高抗寒力。

有机肥养分齐全，它不仅含有果树需要量大的氮、磷、钾元素，还含有果树生长发育所必需的钙、镁、硫等中量元素及锌、铁、硼、钼等微量元素。有机肥中的维生素、抗生素及微生物等能活化土壤养分，刺激果树的根系发育，增强其吸收水分和养分的能力，许多有机物对改善土壤理化性状，提高土壤保水保肥和供水供肥能力，协调土壤的水、气、热等综合肥力具有重要作用，这些优势是化学肥料不可比拟、无法替代的。但是有机肥中的营养元素大多呈有机态，需

经逐步分解转化，才能被吸收利用，有机肥中氮、磷、钾含量比一般化肥的氮、磷、钾含量低，而化肥养分大多能较快地被果树吸收利用。所以，需肥较多的果树，特别是其需肥量大的生长发育阶段，必须在施用有机肥为主的前提下，配合施用适量的化肥，取长补短，缓急相济，提高肥料利用率。

但是有机肥肥效慢，难以满足葡萄一生中总需肥量的需求。因此，应根据不同阶段生长发育情况，合理补充无机肥料。无机肥料主要是指无机化肥，由于无机化肥养分含量高，易溶性强，肥效也快，施后对葡萄的生长发育有极其明显的促进作用，已成为增产和高产不可少的投入。但无机肥料中养分单纯。即使含有多种营养元素的复合肥料，其养分较有机肥少得多，而且长期施用会破坏土壤的结构。因此，应将有机肥料与无机肥料配合使用，提高肥料利用率和增进肥效，节省肥料，降低生产成本。

(二)看树施肥

大树多施，小树少施；弱树多施，壮树少施；结果多的多施，结果少的少施。“看树”就是看葡萄树龄大小、长势强弱和产量多少，每年要施催芽肥、催花肥、催果生长肥、催果实和枝蔓成熟肥。一般施肥方法是根施和叶喷结合进行。如新梢生长中等，叶色浓绿，表示土壤中养分比较充足。对成龄树，还要按上述各个施肥期，每次每株施复合肥 0.5～1 千克，以利于继续补充树体营养。但在各个时期追肥种类不同，如催芽肥要以根施速效氮肥为主；催花肥要以根施磷肥为主，配合叶面喷施硼肥；催果生长肥应以根追三元复合肥较好，如能根施腐熟人粪尿，再结合叶面喷施磷酸二氢钾，效果最好；着色期追施催果实和枝蔓成熟肥，主要是叶面喷施 0.3%磷酸二氢钾溶液及根施磷钾复合肥。如果前期新梢长势过旺，有徒长现象，要适当控制施用速效氮肥和灌水，只能喷施少量磷、钾肥。与此相反，新梢细弱，叶色淡黄，如根部无病，说明土壤中缺肥，应立刻根施速效氮肥加叶面喷施 0.1%尿素溶液，然后灌水。一般追肥 5～7 天后叶色转绿，明显见效。

（三）看肥料性质和质量施肥

氮、磷、钾三要素肥料多施，微量元素少施（注：禁止施含氯复合肥和硝态氮肥），农家肥质量差的多施。

在生产中往往出现重视氮、磷肥，尤其重视氮肥，而忽视钾肥的现象，造成产量低、品质差。不同种类化肥之间合理配合施用，可以充分发挥肥料之间的协同作用，大大提高肥料的经济效益。一般葡萄园施氮、磷、钾的比例为 13∶13∶20 或 1∶1∶20，各地应根据具体的情况制定出本地区适宜的氮、磷、钾配比。葡萄是按一定的氮、磷、钾比例吸收的，因此施肥时应按一定比例施入。

（四）看地施肥

瘠薄地多施，肥沃地少施。“看地”主要看土壤结构和肥力，以决定追肥种类、数量和方法。如沙质土壤，本身肥力低，保肥力又差，对在这类土壤中生长的葡萄成龄树，每次每株应追施腐熟的牲畜粪 50 千克混加 0.5 千克左右的

速效性化肥，以增强土壤保肥力，减少肥料流失。采用勤施、少施和结合叶面喷施的方法，更能发挥肥效。总之，土壤肥沃要少施肥，反之要多施肥。“看产量”是根据产量施肥。如果葡萄园每年每667米^{2}稳产2 000～2 500千克，要按每生产1 000千克葡萄所需的养分吸收量为氮5～10千克、五氧化二磷2～4千克、氧化钾5～10千克。因此，可按照预测产量来决定施肥数量、种类、次数、时期和方法。

（五）依据不同品种施肥

不同葡萄品种对施肥有不同的需求，有些品种对肥水要求高，如藤稔、玫瑰香、葡萄园皇后等，且不同品种对氮、磷、钾的需求量也不一样。因此，施肥时要针对品种需肥特点而异。巨峰葡萄的施肥也不同于其他品种，尤其是氮肥，因氮肥施用不当，会造成严重落花、落果，发生病虫害，果粒大小不均，着色不良等。据研究，巨峰葡萄的需氮量比其他品种少，而磷、钾肥略多。巨峰葡萄开花期，如果新梢生长过旺，树体内的水溶性氮含量高，就会引起严重落花。因此，在开花期以前应严格控制施用氮肥，生产上一般掌握在谢花后和采果后施氮肥，与此同时，配施一定数量的磷、钾肥料。但是，对树势转弱的植株，需加强肥水，尤其是氮肥的用量要适当增加，这样利于蛋白质形成，促进新梢生长。

六、土壤施肥

土壤施肥方法必须与葡萄根系分布特点、土壤性状及肥料性质相适应，才可能发挥肥料最大肥效。葡萄根系分布与地上部枝蔓具有“对称性”，棚架葡萄的根系，大部分偏重于原栽植沟内和架下，少量分布到架后，其比例为5～7∶1。因此，土壤施肥应在架下由浅到深，逐年扩展。多数有机肥料和化肥中易与土粒固着、移动性差的元素（如钙素）应作基肥，在距根系集中分布层稍深和稍远处施入，以诱导根系深扎和快速延伸，形成强大根系网络，扩大吸收面积，提高肥效，应适当深施，要求达到主要根系分布密集层，深40～60厘米。增强树体抗逆能力。易于发酵分解的饼肥、人粪尿等有机肥料和化肥中易淋溶移动的元素（如氮素），应作追肥在土壤中浅施，扩散面大些，多次少量为宜，施肥深10～15厘米。合理的施肥方法是将肥料施于葡萄根系集中分布区稍深、稍远的区域。葡萄根系深度和广度与品种、树龄、砧木、土壤有关。幼树根系浅，分布范围不大，以范围小、浅施为宜。随树龄增大，施肥范围和深度也要逐年加深、扩大。

各肥料元素在土壤中的活性不同，要求的施肥深度也不同。如速效氮肥移动性强，即使浅施也可下渗到根系分布层被吸收利用。磷肥移动性弱，需直接施于根系集中分布层及其外围附近，以利于根系吸收。磷肥容易被土壤和一些微生物固定，从而使其有效性降低，故最好与有机肥混合腐熟后再施用。各种肥料在施用前后有结块，应打碎，肥料与适量的土壤混匀后再施，根系的吸收效果更好。

土壤施肥应注意与灌水结合，特别是干旱条件下，施肥

后尽量及时灌水，以防局部土壤水溶液的肥料浓度过高而产生根系肥害，施肥后的灌水量宜小不宜大，水溶肥下渗到根系集中分布层为好。沙地、坡地以及高温多雨地区养分易淋洗流失，宜在葡萄需肥关键时期多次少施，以提高肥料利用率。追肥因为是速效性养分，宜在葡萄急需肥料前施入。而基肥不仅要注意施肥范围，还应与果园土壤充分混合，以达到长期土壤施肥的效果。常用的土壤施肥方法如下。

（一）环状沟施

环沟施肥又叫轮状施肥，在树冠外围稍远处，即根系集中区外围，挖环状沟施肥，然后覆土，一般在冠外 20～30 厘米处，挖宽 40～50 厘米、深 50 厘米的环状沟，施入肥料（图 5-1）。环状沟的位置，随树冠的扩大逐年外移。这种方法适用于树冠较小的幼树，此法操作简便，但施肥范围较小，挖沟易伤水平根，且损伤根量较多。许多地区将环状沟间断成 3～5 个环槽，再次施肥时更换挖槽位置，这样既可减少伤根，又扩大了施肥范围，以利于根系的吸收和生长。

（二）条状沟施

即在株行间开沟施肥，幼树和成龄树均可应用。在葡萄栽植畦的一侧或两侧开沟施肥，沟深 50～60 厘米、宽 30～40 厘米，追肥沟深 10～15 厘米、宽 20 厘米。施入肥料后覆土。幼树期可在株间开沟，架面布满后应改为行间开沟。沟与植株的距离逐年加大，当行间系相交时，可在行中

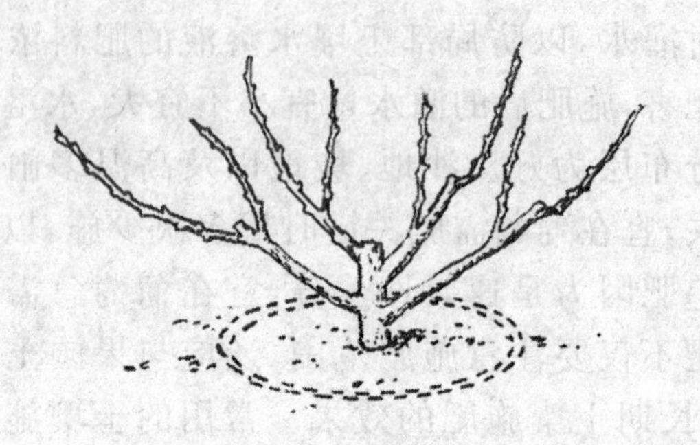

图 5-1　环状沟施　（张凤仪和张清，2001）

间开沟。为减少根系受伤，可隔年、隔行开沟施肥（图 5-2）。

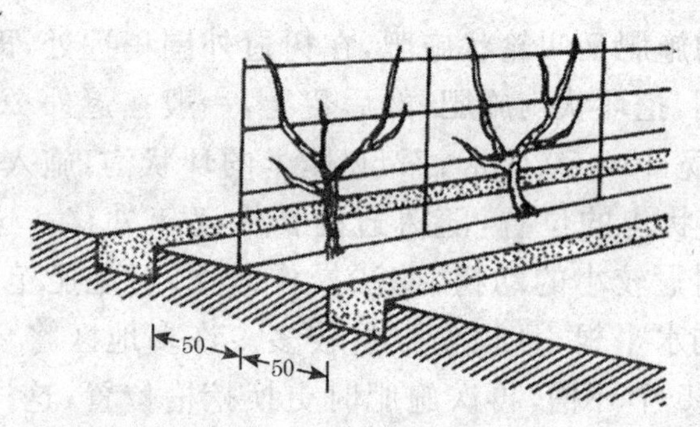

图 5-2　条状沟施　（单位：厘米）（郭修武，1999）

生长期追施化肥，沟深、宽为 15～20 厘米即可。秋施基肥，沟深、宽应大于 50 厘米，有机肥与表土混匀后填入沟中，或分层填放有机肥和表土，边填边踩实，最后灌水，水渗干后立即将地面整平。

(三)全园撒施

即将肥料均匀地撒在地面,然后翻入土中。此法适合成年葡萄园,能使上层根系全面吸收营养(图 5-3)。将肥料均匀地撒在土壤表面,再翻入土中(深 20 厘米以下),也有的撒施后立即灌水或锄划地表。成年果树或密植果园,根系几乎布满全园时多用此法。该法施肥深度较浅,有可能导致根系上翻,降低果树抗逆性。若将此法与放射状沟施法隔年交替应用,可互补不足。

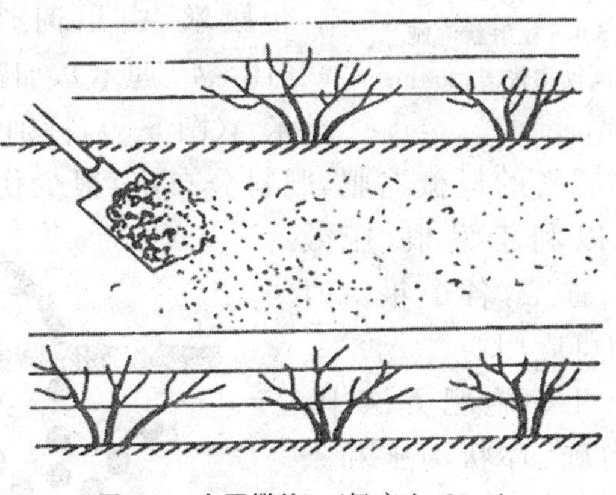

图 5-3　全园撒施　(杨庆山,2000)

(四)放射状沟施

以葡萄根颈为中心,由里向外呈放射状沟,而且里浅(10～15 厘米)外深(20～30 厘米)、里窄(10～15 厘米)外宽(20～30 厘米),以利于少伤根,肥料分布广(图 5-4)。一般

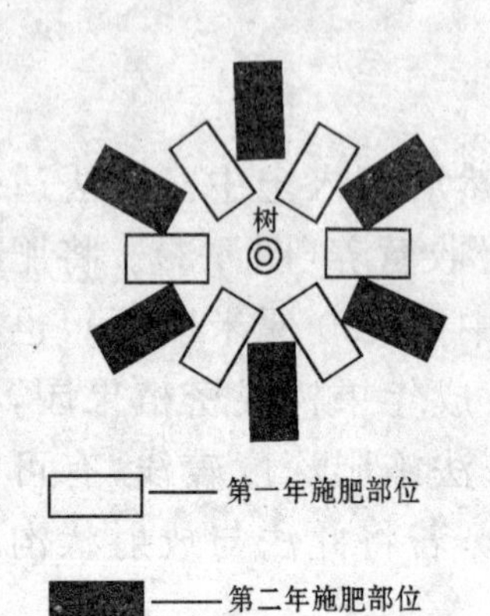

图 5-4 放射状沟施
(张凤仪和张清,2001)

适用追肥。肥料撒入沟内,用齿耙与碎土搅拌,然后覆土填平,并及时灌水,以提高肥效。每年变换施肥位置,施入肥料后覆土。

(五)穴状施肥

以葡萄根颈为中心,向外放射状钻孔或挖穴,穴径20～30厘米,由里向外逐渐加深(10～40厘米)、加密(1～2个/米^2)(图5-5),特别适合颗粒肥料和液体肥料的机械追肥,肥料分布广,很少伤根,土壤通透性好,以利于发根,肥效高,省肥、省工,各个年龄时期的树均可应用。

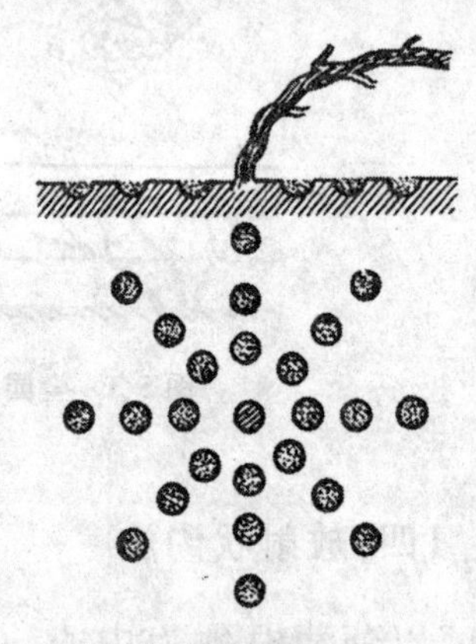

图 5-5 穴状施肥
(严大义等,1999)

以上几种施肥方法中,放射状沟施、环状沟施和条状沟施具有施肥集中、有利于根系向深处生长的特点,常在幼树期间应用。全面撒施具有肥料分布均匀、有利于根系吸收的优点,常用于盛果期的果园,但因为施肥浅,易引起根系分布上移。

因此，最好按照树体的生长、结果状况，把集中施肥和全面撒施的几种方法结合交替使用。

(六)灌溉施肥

结合漫灌、喷灌、滴灌、渗灌等设施灌溉，将肥料混入灌溉水中，随水施肥。此法对密植果园及根系分布稠密的果园更为适用。肥随水走，供肥较快，肥力均匀，对根系损伤小，肥料利用率高，也有利于保护土层结构，节省劳动力。

七、叶面追肥

利用叶片、嫩叶及果实有吸收肥料的能力，将液体肥料喷于树体的施肥方法。葡萄叶片受肥面广，根外追肥用量少，见效快，能避免一些肥料元素在土壤中被固定，且可与喷药结合在一起，省工省时，是葡萄上常用的施肥方法。主要用于新梢加速生长、开花期、坐果期、浆果膨大期，可加速新梢成熟、促进果实着色、提高浆果品质、增强树体抗性等。叶面追肥虽有许多优点，但不能代替土壤施肥，土壤施肥能供给葡萄不同生长期对各种养分较长久性的需求，而叶面喷肥仅仅是土壤施肥的补充。因此，正确的施肥制度是以土壤施肥为主，叶面喷肥为辅，相互补充，才能发挥施肥的最大效益。

(一)叶面追肥的作用

叶面追肥是葡萄上常用且行之有效的施肥方法。这种方法受肥面广，肥效迅速，可使叶片增厚、叶色加浓，提高葡萄叶片呼吸作用和酶的活性，因而可改善根系营养状况，促进根系发育，增强吸收能力。叶面追肥对提高葡萄产量、改善果实品质等具有良好的效果，但不同肥料种类肥效也不一样。叶面追肥具有简单易行、用肥经济、效果迅速、能与某些农药混用等优点。特别是在结果多的年份，由于果实对光合产物竞争力强，致使根系生长欠佳，这时如果仅靠一般的土壤施肥，难以满足葡萄生长发育所需，配合叶面喷肥，才能取得良好的效果。在缺乏灌溉条件、根系被害以及果园间作的情况下，它具有重要的作用。一些微量元素，土施易被土壤固定，通过叶面喷施会收到很好的效果。

（二）叶面追肥的肥料种类和浓度

适于叶面追肥的肥料种类很多，一般情况下包括一般化肥，如作氮肥的硝酸铵、尿素、硫酸铵等，其中应用最多且效果最好的是尿素。作为磷肥的有磷酸二氢钾和过磷酸钙。钾肥有硫酸钾、磷酸二氢钾，其中磷酸二氢钾应用最广，效果也最好。另外，包括硼砂、硼酸、硫酸亚铁、硫酸锰和硫酸锌等微量元素肥料。

常用的氮肥有0.2%～0.4%尿素溶液、0.3%～0.5%硫酸铵溶液，磷肥为2%～3%过磷酸钙浸出液。钾肥有0.4%～0.5%硫酸钾溶液、1%硝酸钾溶液。磷酸二氢钾为磷钾复合肥，喷施浓度为0.2%～0.3%的稀释液。草木灰也是很好的钾肥源，一般喷施3%的浸出液。微量元素肥料有0.1%～0.2%硼砂或硼酸溶液、0.15%硫酸锌溶液、

0.1%硫酸镁溶液、0.1%硫酸亚铁溶液、0.05%～0.1%农用硝酸稀土溶液等(表5-1)。

表5-1　葡萄叶面追肥各种肥料常用浓度表

肥料名称	常用浓度(%)	肥料名称	常用浓度(%)
尿　素	0.1～0.3	硫酸亚铁	0.5～0.6
腐熟人尿	0.5～2.0	硫酸镁	0.2～0.3
硝酸铵	0.05～0.1	硼　砂	0.1～0.2
硝酸钾	0.1～0.3	硫酸锰	0.05～0.1
硫酸钾	0.1～0.3	硫酸锌	0.01
磷酸二氢钾	0.2～0.5	钼酸铵	0.01～0.02

(三)叶面追肥时期

新梢长至20厘米即可喷施,直至8月份。1个月喷施1～2次,全期喷施4～8次。各种叶面肥交替使用,磷酸二氢钾和尿素应混合喷施。最好是在新梢生长前喷施催梢肥,在开花、坐果期喷施稳花稳果肥,在果实膨大期喷施壮果肥。整个生长发育阶段,出现缺素症状时,应及时对症喷肥矫症。就肥料品种而言,因生育期不同需要有所侧重,萌芽、展叶至开花前后,宜喷氮肥。从春季新梢开始生长至浆果成熟期,尤其是旺长期至浆果膨大期,喷施磷、钾肥效果显著。浆果变软初期喷施稀土作用大。具体来说,主要的时期如下。

1. 发芽后至开花前　主要是促进叶片与新梢生长,以喷施氮肥为主。如0.3%～0.5%尿素溶液、0.3%～0.5%

硫酸铵溶液、0.3%～0.5%硝酸铵溶液、0.3%尿素+0.3%磷酸二氢钾的复合液肥。

2. 开花坐果期 主要是促进开花和提高坐果率，可在花前5～7天喷0.1%～0.3%硼砂溶液或0.05%～0.15%硼酸溶液，花前1周、花后1周各喷1次0.05%～0.2%硫酸锌溶液，还可在开花期、落花后各喷1次0.03%～0.07%稀土微肥。

3. 坐果后成熟前和枝条成熟期 主要是促进果实生长、增加果实含糖量、防止果实“水灌”、促进光合作用、延长叶片寿命、促进枝条成熟和提高植株抗病力。该时期的根外追肥以磷、钾肥为主，配施氮肥。

叶面施肥应选在无风的阴天或晴天，晴天则宜在上午10时以前或下午5时以后进行。两次叶面追肥的时间间隔一般为15天左右。叶面喷肥受风、气温、湿度的影响，在一定的范围内，温度越高，叶片吸收越快；湿度越大，吸肥越多；风速越小，肥液在叶面上湿润时间越长，吸收越多，且飘移损失越小。为提高喷肥效果，最好选择无风的阴天喷施，晴天则宜在温度适宜（18℃～25℃）、湿度较大、蒸发量较小的早晨或傍晚进行（表5-2）。

表5-2 常用叶面喷肥的时间及其作用 （楚燕杰，2006）

肥料名称	使用浓度	时　间	作　用
硼　砂	0.1%～0.3%	开花前	提高坐果率
硼　酸	0.05%～0.1%	开花前	提高坐果率
尿　素	0.2%～0.3%	生长前期	补充氮素，促进生长

续表 5-2

肥料名称	使用浓度	时　间	作　用
磷酸二氢钾	0.2%～0.5%	浆果膨大期	提高浆果品质
磷酸二氢铵	0.5%～1%	生长期	补充氮素,促进生长
草木灰浸出液	5%～10%	着色期	提高浆果品质
过磷酸钙浸出液	2%	着色期	提高浆果品质
微量元素肥料	0.1%～1%	生长期	补充微量元素
硫酸锌	0.01%	萌芽前	防止小叶病
硫酸亚铁	0.2%～0.5%	萌芽前	防止黄叶病
硝酸钙	2%～3%	坐果期	增加果实硬度
细胞分裂素	600～800 倍液	坐果期	增加果实体积

(四)喷肥方法

葡萄嫩叶角质层比老叶薄,肥液渗透量大。叶背面的气孔比正面多,吸收快。因此,葡萄喷施叶面肥应以嫩梢、幼叶和叶背面为主。喷施力求雾滴细微,以利于均匀密布,喷至叶片全部湿润,肥液欲滴而不下落为限。一般在年生长发育周期内喷施 4～6 次。根据需要可多种肥料混合喷施,也可与农药(包括植物生长调节剂)混喷兼防病虫。

(五)注意要点

葡萄叶面追肥应注意的问题:一是在不发生肥害的前提下尽可能使用高浓度,以保证最大限度地满足葡萄对养分的需要。叶面追肥适宜浓度的确定与生育期和气候条件有关，幼叶浓度宜低，成龄叶宜高。降雨多的地区可高，反之要低。二是叶面追肥的浓度一般较低，每次的吸收量较少，尿素、磷酸二氢钾之类应增加喷施次数，才能收到理想的效果。尿素应在生长的前期和后期使用，即新梢展叶、开花前、谢花后以及采果后落叶前喷0.3%溶液5～6次。过磷酸钙宜在果实生长初期和采果前喷施，一般可喷2～3次。为了提高鲜食葡萄的耐贮性，在采收前1个月内可连续喷施2次1%硝酸钙或1.5%醋酸钙溶液。磷酸二氢钾和草木灰宜在生长中后期喷施，可喷4～5次。三是必须适时喷施，当葡萄最需某种元素且又缺乏时，喷该元素最佳。一般在花期需硼量较大，花期喷硼砂或硼酸能显著提高葡萄的坐果率。缺铁时宜在生长前期喷0.1%硫酸亚铁+0.05%柠檬酸溶液，必要时可喷2～3次。缺锰时可在坐果期和果实生长期喷0.05%硫酸锰溶液。同时，必须确定最佳喷施部位，不同营养元素在体内移动是不相同的，因此喷布部位应有所不同，特别是微量元素在树体流动较慢，最好直接施于需要的器官上。此外，要选择适宜的追肥时间，在酷暑喷肥最好选择无风或微风的晴天，上午10时以前或下午5时之后进行喷施。在气温高时叶面追肥雾滴不可过小，以免水分迅速蒸发，湿度较高时根外喷肥的效果较理想。最后，应注意调整溶液的酸碱性，如硼酸为酸性，喷布时要用石灰中和，否则易发生药害。根外追混合肥料或与农药混喷时，要弄清楚肥的酸碱性和药的性质，酸性肥、药不能与碱性肥、药混喷，如各种微肥不能与草木灰混喷，硫

酸锌不能与过磷酸钙混合，硫酸铜不能与磷酸二氢钾、重过磷酸钙混喷。为了保险起见，混喷前将要喷的药、肥各取少量溶液混合在一起，看有无沉淀或气泡产生，如果有，表明不能混合施用；如果没有，则可以混合喷施。混合喷施时，药、肥混合液必须随配随用，不能久置。

第六章　葡萄适宜的施肥时期

葡萄的施肥，需要根据品种、树势、树龄、产量、土壤状况的不同，其施肥量、施肥时期、施肥次数也不同。一般来说，葡萄全年需要施1次基肥，3～4次追肥，10余次叶面根外追肥。施肥应密切结合葡萄的生长发育阶段进行。萌芽后，随着新梢生长，叶面积逐渐增大，对氮肥的需求迅速增加，随着果实生长和发育，植株对氮肥的吸收量明显增多；在开花、坐果后，磷的需求量稳步增加；在浆果膨大过程中钾的吸收量逐渐增加。

一、基　肥

(一)施基肥的目的

基肥除供应葡萄生育期所需的养分外，还要起到培肥土壤的作用，所以基肥的施用量比较大，一般占总用肥量的一半以上，并且采用肥效持久的农家肥，如厩肥、堆肥、土杂肥等。还可施用适当的化学肥料。

葡萄园每年秋季果实采收后施1次基肥，目的是补偿树体因大量结果而造成的营养亏空，可局部改善土壤理化性质，断根抑制生长，有利于营养物质积累。秋施基肥正值养分回流，根系生长高峰期，有利于伤根愈合，促发新根。

此时，地温尚高，有利于肥料分解，地上部新生器官已逐渐停止生长，根系所吸收的营养物质以积累贮藏为主，可提高树体营养水平和细胞液浓度以及植株的越冬性，有利于花芽的继续分化及翌年萌芽开花和新梢早期生长，为翌年结果打下良好的基础。基肥中也可掺入一部分化肥以增进肥效，如尿素、硫酸铵、过磷酸钙、硫酸钾等，尤其是磷肥，容易被土壤固定，与有机肥混合使用，可提高利用率。混入适量化肥，可提高秋季葡萄叶片的光合作用，积累更多的营养物质。

(二)基肥的施用时期

基肥以葡萄采收后施入最好。因秋季正值葡萄根系第二次生长高峰，伤根容易愈合，且断一些细小根，起到根系修剪作用，可促发新根，并使新根及早恢复吸收养分的能力。通过秋施基肥，可改良土壤的理化性状，提高土壤保肥、保水能力，从而增加树体内细胞液浓度，提高抗寒、抗旱能力，对翌年春季根系活动，花芽继续分化和生长提供有利条件。秋施基肥，有机物腐烂分解时间长，矿质化程度高，翌年春可及时供根系吸收利用。秋施基肥时松动了土壤，有利于葡萄园积雪保墒，提高地温，防止根际冻害。秋施基肥一般应在采果后立即施入，越早效果越好。如果早春伤流后再施基肥，由于根系受伤，影响当年养分与水分的供应，易造成发芽不整齐，花序小和新梢生长弱，影响树体恢复和发育，应尽量避免，如晚春施应浅施或撒施。基肥可隔年施用 1 次或隔行轮换施用。

(三)施用肥料种类

基肥以有机肥为主,并与钾、磷肥混合施用。通常采用沟施,沟的深度依据葡萄根系分布情况而定。葡萄根系的分布与气候、土壤、栽培技术等有密切关系。据调查,北方大部分葡萄园植株根系在0.2～0.6米深处;南方地下水位高的葡萄园,根系多分布在0.1～0.3米深处。有机肥应施在距根系分布层稍深、稍远处,以诱导根系向深、广发展,形成强大根群,提高根系吸收效能。一般可距植株0.5～0.8米处,挖深、宽各40～60厘米的沟施入基肥。

南方地下水位高的葡萄园,根系多分布在0.1～0.3米深处。有机肥应施在距根系分布稍深、稍远处,可诱导根系向深处、广处发展,形成强大的根系,提高根系吸收能力。通常距植株主干70厘米左右处,挖深、宽各35～45厘米的沟,施入肥料,覆土将沟填平。

(四)施用方法

根系是肥料吸收最强的部位,因此土壤施肥是主要方式,基肥必须也只有通过土壤施肥。施肥深度、广度与树龄、土质、肥料种类、架式等有关。葡萄采用篱架栽培,基肥常在行间挖沟,并结合深翻进行。施肥沟应每年变换位置,即第一年在定植沟的这一侧,沿定植沟边缘挖深沟结合深翻施入,或挖浅沟单独施入,深度以30～40厘米为宜,施肥后立即灌水。第二年在定植沟的另一侧开沟施入。第三至第五年在第一年施肥沟的外侧施入。如果肥源和劳动力充足,亦可

在定植沟两侧同时开沟施基肥,以促使根系发展均衡。

施基肥的方法有全园撒施和沟施 2 种,棚架葡萄多采用撒施,施后再用铁锹或犁将肥料翻埋。撒施肥料常常引起葡萄根系上浮,应尽量改撒施为沟施或穴施。篱架葡萄常采用沟施,方法是在距植株 50 厘米处开沟,宽 40 厘米、深 50 厘米,每株施腐熟有机肥 25～50 千克、过磷酸钙 250 克、尿素 150 克。一层肥料一层土依次将沟填满。为了减轻施肥的工作量,也可以采用隔行开沟施肥的方法,即第一年在第一、第三、第五……行挖沟施肥,第二年在第二、第四、第六……行挖沟施肥,轮番沟施,使全园土壤都得到深翻和改良(图 6-1)。

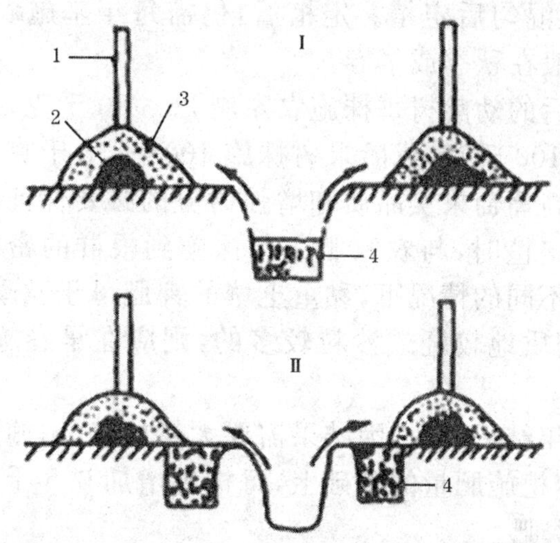

图 6-1 篱架栽培下秋施基肥的 2 种方法 (董清华和张锡金,2001)

Ⅰ. 施入防寒取土沟中 Ⅱ. 施于植株与防寒取土沟之间或离植株根部 50 厘米以外

1. 篱架支柱 2. 下架的葡萄枝蔓 3. 防寒土 4. 基肥

(五)施 肥 量

基肥以厩肥、河泥等有机肥料为主，基肥的施用量一般氮肥占全年施用量的60%～70%、钾肥占30%～40%，加上全年的磷肥、石灰(每667米^{2}100～150千克)，少量的镁肥和硼肥，基肥以有机肥为主，可结合施入部分速效化肥恢复树势，成年树每株施入腐熟有机肥10～15千克，幼树减量。

农家肥的施用量需根据土壤、品种、树龄、树势强弱以及肥料质量来确定。一般在定植前结合开挖定植沟或栽植穴即施用农家肥，每667米^{2}施2～3吨，施于定植沟或栽植穴内，与土混匀后定植。定植后，仍需每年基施农家肥，施肥时期一般在秋季或早春。

定植后的幼龄树每株施农家肥30～50千克，初结果树株施50～100千克，成龄果树株施100～130千克。磷肥和钾肥是提高葡萄果实品质和增强树势的必要保证，磷、钾肥一般是在定植时，与农家肥一起深施到根群的密集处。在土壤质地不同的情况下，黏重土壤的钾肥可于秋季施用，可少施；土壤质地较轻或沙粒较多的，则应在早春施用，可适当多施。

第二年结果的树，因结果需要大量的养分，施肥量要增加，应在定植施肥量的基础上，每株再增加0.5千克豆饼和0.5千克磷肥。

(六)施基肥注意事项

一是基肥一定要腐熟后施，特别是鸡粪。二是避免伤

害粗根。三是可根据园中土壤的含肥情况,酌情添加缺乏的元素,特别是一些中、微量元素。四是施肥后一定要灌1次透水。五是酌定施肥量。一般来说,每667米^{2}产2 000～3 000千克的葡萄园,基肥可施入4 000～5 000千克,有条件的最多可施入10 000～15 000千克。六是棚架施肥,要沿藤蔓生长方向逐年由里向外开沟施肥。七是基肥不能总在一个地方施,易造成根系生长受阻而腐烂枯死。

二、追　肥

葡萄生长期追施肥料,可以满足不同发育过程对某些营养成分的特殊需要。追肥可分为根部追肥和叶面追肥2种。根部追肥就是将速效性肥料施入根系附近,使养分通过根系吸收到植株的各个部位,尤其是生长中心。叶面追肥就是将肥料配成一定的浓度,喷洒在树冠上的一种施肥方法。

(一)根部追肥

1. 根部追肥的作用　葡萄通过根部追肥,可以满足不同种类养分数量和比例的需求。葡萄通过根系从土壤中吸收养分供植株利用的时期称为葡萄的营养期。它包括各个营养阶段,这些不同的阶段对营养条件都有不同的要求,这就是葡萄营养的阶段性。葡萄的营养阶段性也因品种而异,对于树势表现中庸、萌芽整齐、结果枝率高、落花轻、耐肥水的品种,必须在开花前增施1次以氮肥为主的追肥,对于改善花器的营养状况、坐果、花芽分化都有好处。对于结果枝率高，但落花重、坐果差的，必须在花前禁施氮肥，多施磷肥，以抑制营养生长，促进生殖生长，提高坐果率。根部追肥可以提高产量，改善品质。通过追肥可比对照增产5%～13%，单穗重和果粒重增加，并提高果实品质。

2. 根部追肥的种类 根部追肥多以速效肥为主，包括速效性化肥和腐熟良好的农家肥，一般多以速效性化肥为主。常用的化肥有氮肥、磷肥、钾肥、复合肥料、微量元素肥料等。

3. 追肥多为化肥 化肥易溶于水、养分含量高、分解快、易被根系吸收利用，又称速效性肥料。但其易随水流失、向空气中挥发和被土壤固定，养分利用率不高。

（二）根部追肥的时期

追肥时期取决于葡萄的生命周期及年生长发育周期。葡萄幼龄期以生长为主。当年栽植的苗木，待新梢长至20厘米以上时，新根开始大量发生，应追第一次肥。北方在7月份前，连续追施2～3次以氮肥为主的化肥，以促进生长。7月份以后开始控氮，追施1～2次磷、钾肥，以促进枝条成熟。通常在根系密布层上方，绕植株开环状浅沟，施入后灌水覆土。北方在沙荒地栽培葡萄，漏水、漏肥较重，果农也常在葡萄生长季节普施腐熟禽粪代替追施速效化肥。南方在8月份以前，结合灌水，以腐熟的人畜粪尿、鸡粪水等作追肥，淋施5～8次，有的达10余次。

葡萄进入结果期（成龄葡萄）以后，要根据生长结果的

年周期及树相确定追肥时期，不同施肥时期的物候期标准见图 6-2。通常在萌芽前、坐果及浆果上色前分别追施催芽肥、催果肥及催熟肥，前期以氮、磷肥为主，后期以磷、钾肥为主。

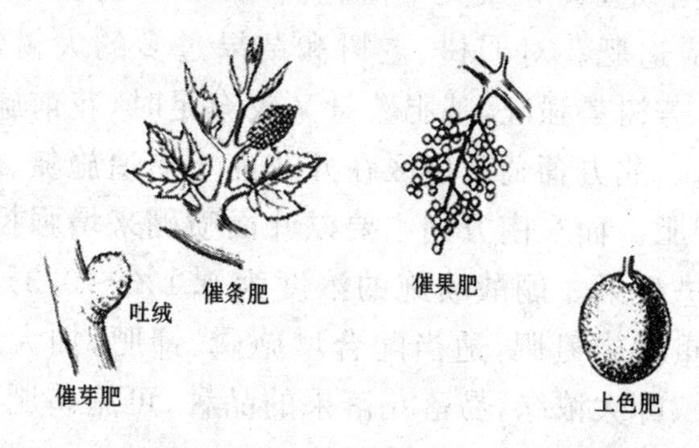

图 6-2　不同施肥期的物候标准　（修德仁和高献亭，1998）

1. 催芽肥　第一次追肥在早春芽眼膨大时施用。葡萄萌芽前，结合深翻畦面，在植株周围进行土壤追肥，以促进芽眼萌发整齐。此期除萌芽、展叶需大量的营养物质外，正是花芽继续分化、芽内迅速形成第二和第三花穗的时期，需要大量的养分，特别是氮素肥料。它的作用是促使葡萄花芽继续分化，使其芽内迅速完善花穗发育，此时正值葡萄植株发育临界期之一，所以应在葡萄出土后、发芽前追施 1 次尿素或含氮复合肥，以满足植株早期生长发育的需要。南方有机肥较充足、树势偏强的葡萄园，可不追施催芽肥。

2. 花前肥（壮梢肥）　第二次追肥在开花前，为促进开花、授粉、受精、坐果，提高坐果率、使果粒发育一致、增强花芽分化能力，应在花前 7～10 天进行。葡萄萌芽开花需消耗大量营养物质。但在早春，吸收根发生较少，吸收能力也较差，主要消耗树体贮存养分。若树体营养水平较低，此时养分供应不足，会导致大量落花落果，影响营养生长，对树体不利，应追肥。对弱树、老树和结果过多的大树，应加大施肥量。若树势强旺，基肥数量又较充足时，花前施肥可推迟至花后。北方葡萄栽培区在开花前 1 周追施氮、磷肥，适量配施钾肥。而在南方则主要以叶面喷硼来增强授粉受精能力，促进坐果。硼酸喷施的浓度为 0.1%～0.3%。树势弱，应着重增施氮肥，适当配合增施磷、钾肥，加大施肥量。树势强旺、叶大浓绿、易落花落果的品种，可施磷肥，不施氮肥。

3. 催粒肥（膨果肥） 第三次追肥应在谢花后果实膨大初期进行，谢花后追肥叫膨果肥。此期正值花芽从开始分化进入分化盛期，也需要大量营养物质，是葡萄需肥最多的时期，又称蛋白质营养时期，即需要较多的氮素营养，又需要较多的磷、钾元素。在浆果黄豆粒大时施用。花后幼果和新梢均迅速生长，需要大量的氮素及其他营养，施肥可促进新梢正常生长，扩大叶面积，提高光合效能，有利于碳水化合物和蛋白质的形成，减少生理落果。一般花前肥和花后肥可以相互补充，如花前追肥量过大，花后也可不施。江南地区有时会出现夏旱，则必须结合灌水，在浆果迅速膨大期进行适时追肥，可促进果粒增大，增加产量，有利于花芽分化，预防大小年结果现象。

4. 催熟肥(转色肥)　第四次追肥在果实着色初期进行。在浆果进入转色期追肥,目的在于解决大量结果造成的树体营养亏损,满足后期花芽分化的需要,加速果实养分转化,延长叶片功能期,提高树体贮藏营养水平。这对提高果实糖分,改善浆果品质,促进新梢成熟,都有作用。随着浆果和新梢的成熟,植株对钾的吸收量增加。此次肥以钾肥为主,每公顷施钾肥 225～300 千克,或结合喷药叶面多次喷施 0.2%磷酸二氢钾溶液。施肥量为全年的 10%左右。

5. 采后肥　第五次追肥在果实采收后。采果后施用的肥称采果肥,又称复壮肥。目的是恢复树势,促进叶片光合作用,增加树体养分积累。这次追肥以磷、钾肥为主。此项补肥适用于早中熟品种,对晚熟品种效果不佳,易诱发副梢,反而消耗养分,影响新梢成熟。

(三)追肥施用方法

1. 浅沟法　根据树冠大小、追肥数目、肥料种类决定挖沟外形、深浅和数目。追肥沟的外形有半环状沟、环状沟、直沟、放射状沟等,深度多在 10 厘米左右、宽 20 厘米左右。将追肥均匀撒于沟内。肥料量大时,要与土拌匀,要把肥块打散,否则易发生肥害,后覆土、耙平、灌水。

2. 穴施法　根据树冠的大小,在树冠下挖 6～12 个深 10 厘米的方穴或圆穴,将肥料施进穴内耙平、灌水。

3. 环状沟法　即在树冠外围开一环绕树冠的浅沟(深 10 厘米),将肥料施进沟内,填土覆平,灌水。环状沟的位置一般在树冠的外沿。

4. 放射沟法 距树干50～60厘米，向树冠外围均匀地挖4～6条深10厘米的浅条状沟，将肥料施进沟内，填土覆平，灌水。

（四）根外追肥

又称叶面喷肥，是将肥料溶于水中，稀释到一定浓度（0.05%～0.3%）后直接喷于植株上，通过叶片、嫩梢及幼果等绿色部分进入植物体内。根外追肥是采用液体肥料叶面喷施的方法，迅速供给葡萄生长所需的营养，目前在葡萄园管理上应用十分广泛。它的主要优点是：经济、省工、肥效快，不受营养分配中心的影响，避免某些元素与土壤成分结合成不可给态，因而对提高产量和改进品质有显著效果。由于肥料种类、追肥的次数和时期、品种以及土壤不同，叶面追肥可增产18%～25%，提高糖度1.6%～3.4%，降低酸度0.06%～1.56%。适于根外追肥的肥料种类很多，如化肥中的尿素、过磷酸钙、磷酸二氢钾、某些微量元素、草木灰、腐熟的畜禽粪和人尿等。

葡萄生长不同时期对营养需求的种类也有所不同，一般在新梢生长期喷0.2%～0.3%尿素或0.3%～0.4%硝酸铵溶液，以促进新梢生长。在开花前及盛花期喷0.1%～0.3%硼砂溶液，能提高坐果率。在坐果期与幼果生长期，喷0.02%硫酸锰溶液，能增加果实含糖量和产量。在浆果成熟前喷2～3次0.5%～1%磷酸二氢钾溶液，或1%～3%过磷酸钙溶液，或3%草木灰浸出液，可以显著地提高产

量、增进品质。在枝条老熟期，喷 0.3%～0.5%硫酸钾（或氯化钾）或 10%～20%草木灰浸出液，能促进枝条老熟，提高果实品质。在树体呈现缺铁或缺锌症状时，还可喷施 0.3%硫酸亚铁或 0.3%硫酸锌溶液，但在使用硫酸盐根外追施时，要注意加入等浓度的石灰，以防药害。近年来，为了提高鲜食葡萄的耐贮性，在采收前 1 个月内可连续根外喷施 2 次 1%硝酸钙或 1.5%醋酸钙溶液，能显著提高葡萄的耐贮运性能。

对葡萄根外追施所用的肥料种类及其喷施浓度，应根据施肥时间和目的来确定。主要时期有：一是花期。主要是防止花果脱落，一般在花后 3～5 天，每 667 米^2 喷施 0.3%尿素和 0.3%硼砂溶液 50 升。二是幼果膨大期。主要是提高叶片光合效能，促进幼果膨大。氮肥充足的葡萄园，可以每 667 米^2 喷施 3%过磷酸钙浸出液 50 升，隔 10 天左右再喷 1 次。如果缺氮，可以加入 0.2%尿素。三是着色期。主要是促进着色，加快成熟，提高浆果糖分含量。通常是在硬核期以后，用 0.3%～0.5%磷酸二氢钾溶液喷施，隔 7 天左右 1 次，连喷 2～3 次，每次每 667 米^2 喷施 50 升。

根外追肥要注意天气变化。夏天炎热，温度过高，宜在上午 10 时前和下午 5 时后进行，以免喷施后水分蒸发过快，影响叶面吸收和发生药害。雨前也不宜喷施，以免使肥料流失。

根外追肥还有其他形式。如有些地区采用对树干压力注射法，将肥料水溶液送入树体。还有的用给树干输液法，

即在树干上打孔，然后插上特制的针头，用胶管连通肥料溶液桶，类似于给病人“输液”。这些方法在改善高产大树的营养状况和快速除治果树缺素症等方面具有特效。

应强调的是，根外追肥只是补充葡萄植株营养的一种方法。但根外追肥代替不了基肥和追肥，要保证葡萄的健壮生长，必须常年抓好施肥工作，尤其是基肥万万不可忽视。但叶面喷肥不能代替土壤施肥，两者各有特点，只有以土壤施肥为主，根外追肥为辅，相互补充才能发挥施肥的最大效益。

第七章　葡萄合理的施肥量

合理的施肥量是提高葡萄产量和品质的关键技术之一,其最终目的是不失时机地供给葡萄在不同生育期所需的各种养分,协调各种生命活动,保证土壤结构良好,抗旱、抗寒、抗病能力增强,实现早果、丰产、优质。

葡萄为多年生植物,一生中有很多的变化,每年施肥量的多少,涉及植株本身及外界条件等多方面的因素,如品种、树龄、产量、土质、肥料性质和质量等。需肥量多的品种应多施,需肥量少的品种应少施;幼树应少施,盛果期时应多施;肥料质量低时宜多施,质量高时宜少施,合理的施肥量是获得高产、优质的基础。在一定的范围内,随着施肥量的增加,产量也随之增加。考虑到施肥效率,也并非施肥量越多越好。由于影响施肥量的因素很多,因此应根据葡萄生长发育的需求以及肥料的特点、肥料的类型以及土壤肥力情况分析,尽量做到合理施肥。

施肥量的多少是广大种植者最关心的问题,但又是最难解决的问题。主要是因为每年营养元素的需求量无法准确确定、影响土壤的供肥力和肥料利用率的因素多且不固定,造成很多决定施肥中难以得出普遍运用的结论。所以,我们可以看到,不同的参考资料,所介绍的施肥量都有较大差异。在这里,着重介绍一下确定施肥量的原则、方法和影响因素,广大种植者要根据自身的情况灵活掌握和应用。

一、施肥量的确定依据

葡萄园施肥量的确定是一个十分复杂的问题，受品种、树龄、树势、结果多少和土壤肥力等诸多因素的影响，以及肥料在土壤中的流失和被吸收利用的情况等，具有较大的灵活性和明显的区域性，因此确定一个统一的施肥量标准是很困难的。仅能以葡萄植株吸收营养元素量的理论数值作为参考依据。施肥量应掌握在既能充分满足葡萄生长结果的需要，又不过量浪费为佳。从理论上来说，确定施肥量必须考虑以下几方面：一是葡萄各器官生长发育所需要的营养元素量；二是土壤中能提供的各种营养元素量；三是施入土壤中的各营养元素能为树体吸收的百分率。具体来说，葡萄的施肥量应根据葡萄植株吸收的营养元素量、天然供给量、人为施用量等 3 个方面来确定。

日本科学家将各地研究者的材料综合起来后提出：1 吨葡萄所需三大要素的吸收量为 6 千克氮肥、3 千克磷肥、7.2 千克钾肥，其比例为 2∶1∶2.4，我国的经验见图 7-1。葡萄对氮、磷、钾的需要量一般按每增加 100 千克产量，植株从土壤中吸收氮 0.3～0.5 千克、五氧化二磷 0.13～0.28 千克、氧化钾 0.28～0.64 千克。据报道，天然供给量，氮占吸收量的 1/3，磷、钾均为 1/2。葡萄植株对施入土壤中的肥料利用率，其中氮肥只有 50%，磷肥为 30%，钾肥为 40%；成年结果树每产 1 千克果实需要施入 2～3 千克有机肥，每 100 千克有机肥加入 1～2 千克过磷酸钙或钙镁磷肥作基

肥，追肥的施用量可按每 100 千克产量施入 1～1.5 千克三元复合肥或尿素。

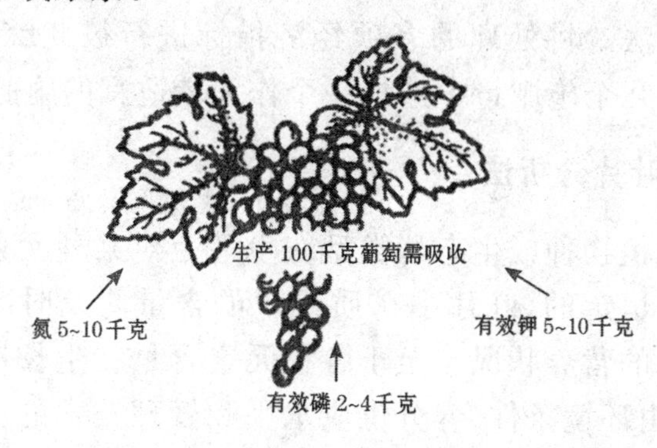

图 7-1　葡萄的需肥量　（杨庆山，2000）

二、确定施肥量的方法

葡萄施肥量受农业条件影响差别很大，其理论值是以葡萄植株吸收营养元素量为依据的。施肥量的确定方法目前常用的有以下几种。

（一）试 验 法

即选择有代表性的土壤，在一定的气候及栽培条件下，安排等间距的 5 个以上不同化肥用量的田间试验，根据各个用量相应的产量、收益、产投比等效益指标来选定或计算相应条件下的适宜施肥量的方法。适宜施肥量由以下 2 种方法确定：一是回归分析法。将施肥量与产量作为基础数据，建立二者的相关数学模型，根据极值理论，利用数学模型计算最佳施肥量。这种方法专业性强，较难掌握。二是比较判定法。将处理的多项经济指标进行彼此综合比较，从试验的几个施肥量中选择一个作为较适宜的施肥量。

（二）叶片分析法

一个植物种或生态群类型在生理上对某种元素的需求基本上是恒定的，叶片中矿质元素的含量能及时准确地反映出植株的营养状况。至于各种元素含量在生长进程中的差异，是由环境条件、养分供应水平和管理技术的不同造成的。由于叶片对营养的余缺反应比较敏感，而且采样容易，采叶片对树的损伤小。因此，叶片分析是最近几十年发展较快的一种营养快速诊断方法。叶片分析，就是根据叶片内各种营养元素的含量，判断树体的营养水平，作为施肥的参考。此法是在新梢停止生长时进行。供分析用的叶片，应尽量选取条件基本相同的枝类和叶片作为试材。为了减少误差，采叶的株数和叶数不能太少。一般选用代表植株5～10株，再在每株上选外围新梢10～20个，在各新梢中部选1片叶，共100～200片叶供分析用。如果把叶片分析和其他组织分析或土壤分析结合起来，便可弥补叶片分析的不足，提高科学性。

（三）目标产量法

又称养分平衡法。根据葡萄在生产中的养分收支平衡关系，将达到目标产量所吸收的养分量减去土壤供应的养

分量，就得到了要施用的养分量。养分平衡法的基本原理是：养分吸收量等于土壤与肥料二者养分供应量之和。其数学表达式为：

养分吸收量＝土壤养分供应量＋肥料养分供应量

通过总结田间试验、土壤养分数据等，划分不同区域施肥分区。同时，根据气候、地貌、土壤、耕作制度等的相似性和差异性，提出不同作物的施肥配方。

其中，目标产量以当地前3年平均产量再提高10％～15％来估算，但其他参数则需要通过田间试验等方法求得。我国幅员辽阔，各地施肥的具体条件差异很大，其参数也不尽相同，因此对施肥量的估算要因地制宜。以下施肥量的计算即以此种方法作为参考。

三、施肥量的计算

（一）理论施肥量

科学的施肥量应根据树体营养分析，确定树体各主要元素的吸收量。根据园地土壤养分含量分析，确定土壤各元素可给量。通过施肥试验，确定各元素被根系吸收的利用率。计算合理施肥量，首先要测出葡萄生长结果每年从土壤中需要吸收各营养元素的数量，并扣除土壤中天然供给量，再除以肥料利用率，所得的商即为葡萄需肥量的理论值（表7-1）。然后按公式计算施肥量：

$$理论施肥量=\frac{(树体吸收肥料量-土壤天然供给量)}{肥料利用率}$$

据报道，天然供给量中，氮占吸收量的1/3，磷和钾均为1/2。土壤中肥料，一部分从地面和随水渗透流失，另一部分分解挥发或被土粒固定，能被植株吸收利用的大体是，氮为50%，磷为30%，钾为40%。

例如，计算每667米^{2}生产2 000千克葡萄果实需施氮、磷、钾各多少？

根据上述资料，每生产2 000千克葡萄，果实需吸收氮12千克、磷6千克、钾14.4千克。它们的天然供给量氮为吸收量的1/3，磷和钾各为1/2。应为氮4千克、磷3千克、钾7.2千克。则根据公式计算：

理论施氮量=(12－4)/50/100=16(千克)

理论施磷量=(6－3)/30/100=10(千克)

理论施钾量=(14.4－7.2)/40/100=18(千克)

表7-1 葡萄需肥量理论值(单位:千克)

	氮	五氧化二磷	氧化钾	备 注
吸肥量(A)	12	6	14.4	肥料利用率S=b/B 吸肥量A=b+C 实际施肥量B=b/S
天然供给量(C)	4	3	7.2	
从肥料中吸收量(b)	8	3	7.2	
实际施肥量(B)	16	10	18	

以上仅是葡萄需肥量的理论值，可供确定施肥量参考。实际施肥量还可根据每年的产量和植株各器官的营养状况做出判断，并根据情况不断调整，经过2～3年便可总结出

比较合适的施肥量。

(二)经验施肥量

但实际生产中,往往根据经验估计施肥量。生产中,可以根据葡萄的生长结果状况,判断植株的营养状况,进而指导施肥。例如,新梢发育充实,节间短,基部与先端粗度较一致;新梢摘心后,副梢萌发较旺;新梢基部、中部、上部叶片大而一致,厚而色深绿;果实成熟同时,新梢变茶褐色;果实着色良好,含糖量高;翌年萌芽整齐等,说明施肥适量。若新梢较细,生长缓慢,秋季落叶期新梢仍为绿色,不能木质化,髓心大,组织不充实;叶片小而薄,黄绿色;果实着色不良,含糖量低;翌年萌芽晚而不整齐,越冬后枝蔓易受冻害,这是缺肥的表现。枝叶徒长而过于茂密,树势过旺,新梢节间长,生长停止过晚;开花后坐果少,产量不高,这是施肥不当或施肥过多的反应。可以根据上述判断,调节施肥技术和施肥量。通常情况下,葡萄施用氮、磷、钾的比例以1∶0.5∶1.5,或1∶1∶1.5为宜。我国北方比较稳产的葡萄园,一般每667米^{2}面积的施肥量,氮为12.5～15千克、五氧化二磷为10～12.5千克、氧化钾为10～15千克,可供生产中参考。

根据各地经验,葡萄产量与施有机肥量之比为1∶1～5,即增加1千克果实需施1～5千克有机肥。幼树每产1千克果,需施有机肥3～4千克。成龄树每产1千克果,需施有机肥2～3千克。如2年生幼树产量1 000千克,需施有机肥3 000～4 000千克,同时混施50千克磷肥。成龄树产量 2 000 千克，需施有机肥 4 000～6 000 千克，加施 100 千克磷肥。我国北方比较稳产的葡萄园，一般每 667 米^2 的施肥量，氮为 12.5～15 千克、五氧化二磷为 10～12.5 千克、氧化钾为 10～15 千克，可供生产中参考。

葡萄定植后，除施足基肥外，还要按葡萄年龄增施肥料。2～4 年生葡萄，每株施土粪 10～15 千克、人粪尿 1.5～3 千克、草木灰 150～250 克。5～10 年生葡萄每株施土粪 25～40 千克、人粪尿 4～5 千克、草木灰 0.5 千克。10 年生以上葡萄每株施土粪 50 千克、人粪尿 10～15 千克、草木灰 1 千克、硫酸铵 0.5～1 千克、过磷酸钙 0.5～0.75 千克。葡萄施肥的一般标准见表 7-2。

表 7-2　葡萄生长季节适宜的施肥量

肥料名称	适宜施肥时期	使用肥料种类	每收获 1 000 千克浆果应施用肥料量	适宜施肥方式（条状沟）及规格	施肥目的及作用	说明及应注意事项
基肥	当年成熟浆果采收后（9 月中下旬至 11 月初）	有机肥料、无机氮肥、无机磷肥	1. 优质有机肥 1 000～1 500 千克或粗有机肥 1 500～2 000 千克。 2. 尿素 4～6 千克。 3. 过磷酸钙（北方）钙镁磷肥 25～30 千克	视葡萄树体大小，距主蔓 30～50 厘米，开深、宽、长为 35～40 厘米×30 厘米×40～50 厘米的施肥沟。先施有机肥，再将无机肥撒施其上，覆土填平，灌水 1 次	施足基肥，是为了及时补足营养恢复树体营养状况，确保翌年生长发育，开花结实，打下坚实基础	1. 优质有机肥是指人粪肥、猪粪、鸡粪、绿肥等；粗有机肥是指土杂肥、羊粪、牛粪以及由枯枝落叶、草皮等堆制的农家肥。上述二类有机肥均应使用腐熟或半腐熟的肥料 2. 无机肥、氮肥应选用尿素；磷肥应选用过磷酸钙

续表 7-2

肥料名称	适宜施肥时期	使用肥料种类	每收获1000千克浆果应施用肥料量	适宜施肥方式（条状沟）及规格	施肥目的及作用	说明及应注意事项
追肥	伤流期、生理落果后、果实膨大至着色初期（追施2次）	无机尿素氮肥、无机氯化钾或硫酸钾肥	1. 氯化钾每次4～5千克。 2. 硫酸钾每次4～5千克	每次追肥于树体一侧开追肥沟，第二次换另一侧开沟，开沟的长与宽同基肥深度为10～15厘米	追施尿素氮肥有利于幼果中细胞分裂和生长发育；追施钾肥能提高浆果中含糖量并减轻病害发生	1. 尿素为有机型速效氮肥，生理中性肥料，南方、北方葡萄园使用均宜。 2. 葡萄使用氯化钾或硫酸钾均可，因前者较后者有效成分含量高10%，价格低约1/3，因此使用氯化钾更为经济。 3. 研究证实，果实膨大期是施钾肥的最佳时期
叶面喷肥	盛花期	喷施硼肥（硼砂）	浓度为0.1%～0.2%溶液2次	重复喷施花絮和幼叶	提高坐果率，减少畸形果发生	采用硼砂较用硼酸更为经济，且易购买
	花后20～35天（套袋前）	喷施硝酸钙溶液或市售液体钙肥	硝酸钙溶液浓度为0.5%～1%，商品钙肥可按说明书浓度	重复喷施幼果和叶背面，套袋前相隔5～7天，连喷2次	增加幼果中钙素，防止因套袋引起的副作用	为提高肥效和方便起见可直接购买使用市售的液体复合钙肥，如高能钙、腐殖酸钙、氨基酸钙等成品钙肥
	枝蔓生长期（4～5月份，枝蔓幼叶开始发生黄叶时）	硫酸亚铁溶液或商品肥	叶面喷施硫酸亚铁0.5%～1%溶液，2～3次，若用商品肥照说明指定浓度	重复喷施枝蔓上部发黄幼叶	防治因幼叶缺铁引起的黄叶病	用作叶面喷施的硫酸亚铁，最好选用化工商店出售的纯度较高的产品。研究证实，土施硫酸亚铁溶液或固体，不仅用量大，而且效果不好，尤其是在硬质碱性果园土中使用效果更差

葡萄施肥量受植株本身和外界条件多方面因素的影响，如品种、树龄、产量、植株生长状况、土质、肥料性质及质量等，差别很大，很难确定统一的施肥标准。故要因地制宜，根据产量和各器官的营养状况做出判断，进行合理施肥，并根据实际情况做调整。

四、葡萄各时期肥料施用量

（一）基肥施用量

基肥施用量占全年总施肥量的50%～60%。一般丰产稳产葡萄园，每667米^{2}施土杂肥5 000千克（折合氮12.5～15千克、磷10～12.5千克、钾10～15千克，氮、磷、钾的比例为1∶0.5∶1）。群众总结为“一千克果五千克肥”。

（二）催芽肥施用量

应以氮肥为主，宜施用人粪尿，混掺硫酸铵或尿素，施用量为全年的10%～15%。一般每667米^{2}施尿素15千克或磷酸二铵20千克。萌芽前在根际周围每公顷浅施150～225千克速效氮肥。需肥量较多的品种，每667米^{2}施三元复合肥20～25千克，或尿素7.5～10千克。需肥量中等的品种，每667米^{2}施三元复合肥15～20千克，或尿素5～7.5千克。需肥量较少的品种原则上不施催芽肥。各种品种在南方每667米^{2}均应施硼酸或硼砂2～3千克，不用催芽肥

的品种，硼肥可提前至与基肥混施。

(三)花前肥施用量

该不该施壮蔓肥和施肥量的多少应根据树势情况而定，如树势生长正常，各种类型的品种都不必施壮蔓肥。需肥量较多的品种，如前期长势偏弱，可酌施壮蔓肥，每667米^{2}可施尿素5～10千克。需肥量中等和需肥量较少的品种，长势偏弱的葡萄园也不宜施壮蔓肥。

(四)催粒肥(膨果肥)施用量

此期的营养状况，不仅直接关系到果粒的膨大，而且关系到翌年产量的花芽分化。这次追肥主要促使幼果迅速膨大，有利于当年花芽分化，是关键肥。这次追肥以氮肥为主，结合施磷、钾肥，施肥量是全年肥料的15%～20%，时间在5月下旬。每公顷施三元复合肥150～225千克，在浆果黄豆粒大时施用。

施肥量应按照计划定穗量(穗数达不到计划定穗量的按实际穗数)和树势，并参照品种耐肥特性确定施肥量。膨果肥一般园均应重施，为避免一次用肥过多导致肥害，应分2次施用。多数品种第一次用肥量，每667米^{2}施三元复合肥25千克左右、尿素10千克左右、钾肥10～15千克，挂果量偏少的酌减。

(五)催熟肥(转色肥)施用量

第二次用肥量按照树势为主，参照品种耐肥特性确定

施肥量。树势强弱的判断以见花期或见花前 2～3 天摘心后，至生理落果结束，顶端副梢的长度和叶片数（不包括顶端很小的 3 叶）来判定。半数以上顶端副梢叶片数少于 3 片叶，为生长偏弱；半数以上顶端副梢长 4～6 片叶，为正常生长；半数以上顶端副梢超过 7 片叶，为生长过旺，用肥量应分别对待。生长偏弱的每 667 米^2 可施三元复合肥 25 千克左右，与第一次用肥量基本相同，长势过弱的还可适当增加。生长正常的每 667 米^2 可施三元复合肥 20～25 千克、尿素 7～10 千克、钾化肥 10 千克左右。长势过旺的视长势情况酌减，长势特别强旺的美人指、里扎马特不能按顶端副梢叶片数来定，应根据挂果量和树势确定合理的用肥量。

（六）采后肥施用量

每公顷施 225～300 千克三元复合肥，或叶面喷 0.2％尿素和 0.2％～0.3％磷酸二氢钾混合肥。施肥量，一般早中熟品种和晚熟偏早品种每 667 米^2 施三元复合肥 15～20 千克或尿素 10 千克左右。需要补施秋肥的品种，看当年挂果量和树势可施尿素 7～10 千克，避免叶片过早老化。

五、配方施肥

（一）配方施肥概述

配方施肥是我国近几年发展起来的一项新兴科学的施肥技术，在当前农业生产技术组合中，已被列为增产的重大

措施之一。配方施肥是根据土壤养分含量状况、作物需肥规律以及肥料试验结果，提出氮、磷、钾肥料的适宜用量和配比以及适宜的施用技术。配方施肥法的新颖在于：把施肥技术从经验上升到理论，从定性发展到定量，从三看（看天、看地、看庄稼）施肥发展到应用仪器测试，从施用单一肥料发展到多种营养元素肥料的组合施用，从传统经验施肥向现代化农业定量施用方向发展，从而大大提高了肥料利用率，改善了作物品质，增产增收。因而，配方施肥就成为当前的主要增产技术措施之一。

它是综合应用植物营养规律及其生态指标，土壤测试、气候与植物生长的关系，结合肥料性质和在土壤中的转化、土壤供肥率、肥料利用率等，提出施肥量、比例、时间、技术等预测式定量施肥法。即按经济产量所需要的养分量，计算作物的需肥量，再根据土壤供肥力以及肥料利用率计算出的施肥量。包括配方和施肥 2 个程序。

1. 配方　根据土壤、作物需肥情况，产前定肥、定量，叫配方。在配方前，首先确定目标产量，按产量要求估算作物需要吸收多少氮、磷、钾，再根据土壤养分供肥力或土壤养分测试值计算土壤供肥量，以确定氮、磷、钾的适宜用量。配方时，如土壤缺少某种微量元素，或作物对某种微量元素反应敏感成为限制生产的因素时，要有针对性地适量配施微量元素肥料。肥料配方中，还必须包括一定数量的有机肥料，以保持地力，稳定供肥水平。

2. 施肥　其任务是保证肥料配方在生产中的执行，实

现目标产量。具体要求是，根据配方确定的肥料品种、用量与土壤和作物特性，合理安排基肥和追肥比例，追肥次数、时间、用量和施肥技术，在执行中必须与当地的高产栽培技术相结合，充分发挥肥效，以满足作物对养分的需要。在施肥技术上，要按肥料特性及其在土壤中的转化规律，采用最有效的施用方法及施用上的农艺措施。如氮肥深施，磷肥（水溶性磷）集中施，钾肥在前中期施，酌情适量地施微肥等。肥料施用上的加工措施，如复合肥料、复混肥料等不同粒级的掺混等。

（二）葡萄测土配方施肥技术

葡萄测土配方施肥技术，在对目标地块进行土壤化验的基础上，结合本地的气候特点、葡萄的生长习性进行综合分析而确定合理施肥量、施肥方法和施肥时期的一项新型施肥技术，从而可有效地解决果农盲目施肥、过量施肥造成的葡萄品质下降和环境污染问题，达到提高品质、降低成本、保护环境、做优做精主导产业的目的。葡萄测土配方施肥包括以下操作步骤。

1. 取土样 根据地块形状、大小、土壤肥力的均匀程度，可采用对角线采样法、棋盘式采样法或蛇形采样法，每块地采集10～15个点，混合后用四分法多次淘汰多余的土样（方法是将采集的土壤样品放在盘子里或塑料布上，弄碎、混匀，铺成四方形，画对角线将土样分成4份，把对角的2份分别合并成1份，保留1份，弃去1份。如果所得的样品依然很多，可再用四分法处理，直至所需数量为止）。最

后以每个土样达到1千克为宜。

2. 化验　将取回的土样风干后进行化验，一般要化验土样中的有机质、全氮、碱解氮、速效磷、速效钾、pH值等。

3. 制定施肥配方　葡萄施肥配方的制定是一项技术复杂的工作，必须由既有实践经验，又有理论基础的葡萄栽培专家来承担。葡萄施肥配方的制定是以养分归还（补偿）学说、最小养分律、同等重要律、不可代替律、肥料效应报酬递减律和因子综合作用律等为理论依据，以确定不同养分的施肥总量和配比为主要内容。包括肥水管理、种植密度、耕作制度和气候变化等影响肥效的诸因素结合，形成一套完整的施肥技术体系。目标产量配方法是依据葡萄产量的构成，由土壤和肥料2个方面供给养分的原理计算肥料施用量的。目标产量确定后，计算葡萄需要吸收多少养分而决定肥料施用量。

（1）确定目标产量　根据土壤养分状况、质地、灌水条件、葡萄品种等因素来确定葡萄的目标产量，为保证葡萄品质，鲜食葡萄一般不超过2 500千克/667米^2，酿酒葡萄一般不超过1 500千克/667米^2。

（2）根据目标产量确定施肥量　按每生产100千克葡萄，需氮0.6千克、五氧化二磷0.5千克、氧化钾0.8千克计算全年需氮、磷、钾肥量和全年氮、磷、钾总施用量。

全年总施肥量＝全年总需肥量－土壤供肥量

土壤供肥量＝土壤养分测定值×0.15×0.4

根据葡萄的需肥特点，坚持以有机肥为主的原则。按有机肥养分占总施肥量60%计算有机肥的施用量(一般有机肥的养分含量为氮 0.2%、五氧化二磷 0.2%、氧化钾 0.25%)及氮、磷、钾肥的施用量。

有机肥施用量=(葡萄全年氮肥施肥量×0.6)÷0.2%

葡萄氮肥施肥量=(葡萄全年氮肥总施肥量－有机肥施用量×0.2%)÷(氮肥养分含量×0.35)

葡萄磷肥施肥量=(葡萄全年磷肥总施肥量－有机肥施用量×0.2%)÷(磷肥养分含量×0.30)

葡萄钾肥施肥量=(葡萄全年钾肥总施肥量－有机肥施用量×0.25%)÷(钾肥养分含量×0.40)

(3)示例　设某地块鲜食葡萄的目标产量为2 000千克/667 $米^2$,该地块养分测定值为碱解氮60毫克/升、速效磷20毫克/升、速效钾150毫克/升。计算该地块鲜食葡萄667 $米^2$ 的施肥量。

全年需氮肥量(千克/667 $米^2$)=2 000×0.6÷100=12(千克/667 $米^2$)

土壤氮肥供肥量=60×0.15×0.4=3.6(千克/667 $米^2$)

全年氮肥总施用量=12－60×0.15×0.4=8.4(千克/667 $米^2$)

有机肥施用量=(8.4×0.6)÷0.2%=2 520(千克/667

米^2）

葡萄氮肥（尿素）施肥量＝（8.4－2 520×0.2%）÷（0.46×0.35）≈21（千克/667米^2）

葡萄全年需磷肥量＝2 000×0.5÷100＝10（千克/667米^2）

土壤磷肥供肥量＝20×0.15×0.4＝1.2（千克/667米^2）

全年磷肥总施用量＝10－1.2＝8.8（千克/667米^2）

葡萄磷肥（过磷酸钙）施用量＝（8.8－2 520×0.2%）÷（0.12×0.3）≈104（千克/667米^2）

葡萄全年需钾肥量＝2 000×0.8÷100＝16（千克/667米^2）

土壤钾肥供肥量＝150×0.15×0.4＝9（千克/667米^2）

全年钾肥总施用量＝16－9＝7（千克/667米^2）

葡萄钾肥（硫酸钾）施用量＝（7－2 520×0.25%）÷（0.5×0.4）＝3.5（千克/667米^2）

4. 校正试验　为保证肥料配方的准确性，最大限度地减少配方肥料批量生产和大面积应用的风险，在每个施肥分区单元设置配方施肥、果农习惯施肥、空白施肥3个处理，以当地主栽品种为研究对象，对比配方施肥的增产效果，校验施肥参数，验证并完善肥料配方，改进测土配方施肥技术参数。

5. 示范推广　建立测土配方施肥示范区，树立样板，全面展示测土配方施肥技术效果，是推广前要做的工作。大面积推广配方施肥技术，有利于达到最适宜的施肥量，产生最高效的收成。

6. 效果评价 检验测土配方施肥的实际效果，及时获得反馈信息，不断完善管理体系、技术体系和服务体系。同时，为科学地评价测土配方施肥的实际效果，必须对一定的区域进行动态调查。

测土配方施肥的科学性与可行性不容置疑，但从技术实施的角度来说，目前我国测土配方施肥工作远没有落实到实处，在很大程度上并没有解决配方与施肥断档的问题。多年的生产实践告诉我们，要解决配方与施肥断档的问题，必须建立健全统一测土、统一配方、统一供肥、统一实施社会化服务体系。

科学施肥工作还有很长的路要走，只有各部门、各行业人士的共同努力，才能完成如此艰巨而长期的任务。

葡萄叶片缺锰症状

葡萄叶片缺铁症状

肥水管理好的葡萄园

葡萄园开沟秋施基肥

葡萄追肥

施行配方施肥的葡萄生长情况

责任编辑:刘阳娜
封面设计:苟静莉

葡萄科学施肥

PUTAO KEXUE SHIFEI

ISBN 978-7-5082-8573-3

定价:15.00元

扫金盾码 看经典大片